10日でしっかり総復習！
小学6年間の算数

答えと解説

JN015771

DAY 1

トライ 1

1 8705100000000

2 (1) 4兆90億　(2) 8億1000万

(3) 7300万　(4) 2000億

トライ 2

1 (1) 6687g　(2) 3920mL

(3) 0.043km

2 (1) 5319　(2) 171　(3) 6.5

トライ 3

1 (1) ＜　(2) ＝　(3) ＞　(4) ＜

2 (1) $\frac{3}{10}$　(2) $\frac{8}{1}$

3

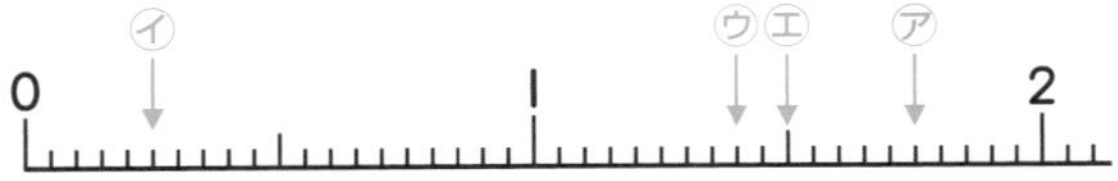

トライ 4

1 奇数…37，205　偶数…0，44，926

2 4　7　(12)　38　(54)　(78)　92

3 (1) 36，72，108，144，180

(2) 60，120，180，240，300

4 168

トライ 5

1 (1) 1，2，13，26

(2) 1，2，3，4，6，8，12，16，24，48

2 (1) 1，3

(2) 1，2，4，8

3 15

トライ 6

1 一万の位までの数…78760000

上から2けたの数…79000000

2 245以上254以下

トライ 7

1 (1) 1300　(2) 400

2 (1) 2100000　(2) 250

3 式　3000＋5000＝8000

答え　約8000人

解説

トライ 1

1 位取り表に数字をあてはめます。

一	千	百	十	一	千	百	十	一	千	百	十	一
兆				億				万				
8	7	0	5	1	0	0	0	0	0	0	0	0

トライ 2

1，2 整数を10倍するごとに，位は1けたずつ上がります。整数を$\frac{1}{10}$にするごとに，位は1けたずつ下がります。

トライ 3

1 (1)，(2)は帯分数を仮分数になおします。

(1) $1\frac{1}{5}=\frac{6}{5}$　(2) $1\frac{5}{7}=\frac{12}{7}$

(3)，(4)は分数を小数になおします。

(3) $\frac{3}{5}=0.6$　(4) $\frac{17}{20}=0.85$

3 0から1までが20等分されているので，1めもりは0.05です。

トライ 4

4 7と8の公倍数：56，112，168，…

この中から6の倍数を見つけ，いちばん小さい数が6，7，8の最小公倍数です。

トライ 5

3 15と30の公約数：1，3，5，15

この中から45の約数を見つけ，いちばん大きい数が15，30，45の最大公約数です。

トライ 6

① 一万の位までのがい数にするときは、その１つ下の、千の位で四捨五入(ししゃごにゅう)します。

78763554 → 78760000

上から2けたのがい数にするときは、上から3つ目の位で四捨五入します。

78763554 → 79000000

② 十の位までのがい数にするときは、その１つ下の、一の位で四捨五入します。

一の位を四捨五入して、250になる整数の中で、いちばん小さい数といちばん大きい数を見つけます。

トライ 7

③ 千の位までのがい数にするときは、百の位で四捨五入します。

3288 → 3000　　4967 → 5000

パズル & クイズ

チャ太郎のコマはどれだ!?

答え　①

解説

１回目は奇数(きすう)が出たので、出た数は１，３，５，７，９のどれかです。

２回目は１回休みといっていることから、７が出て「１マス進む」に止まり、８マス目に止まったことがわかります。

３回目は偶数(ぐうすう)が出たから、出た数は２，４，６，８，10のどれかです。

コマ①〜③の位置から、

14＜３回目と４回目の数の和＜18だから、３回目と４回目には８が出たことになります。

出た数は１回目→７，２回目→１回休み，３回目→８，４回目→８　だから、答えは①です。

DAY 2

トライ 1

①
(1)
```
  258
+ 136
  394
```
(2)
```
  169
+ 553
  722
```
(3)
```
  814
+  96
  910
```

(4)
```
  457
+ 743
 1200
```
(5)
```
  520
- 412
  108
```
(6)
```
  625
- 138
  487
```

(7)
```
  800
- 635
  165
```
(8)
```
  102
-  74
   28
```
(9)
```
 1000
-  263
  737
```

トライ 2

①
(1)
```
  59
×  5
 295
```
(2)
```
  17
×  8
 136
```
(3)
```
  209
×   8
 1672
```

(4)
```
   64
×  27
  448
  128
 1728
```
(5)
```
   45
×  83
  135
  360
 3735
```
(6)
```
   319
×   53
   957
  1595
 16907
```

② 式　128×60＝7680　　答え　7680円

③ (1) 54　　(2) 270　　(3) 2700

トライ 3

①
(1)
```
    31
 2)63
    6
    3
    2
    1
```
(2)
```
    208
 4)833
    8
    33
    32
     1
```
(3)
```
     28
 6)173
    12
    53
    48
     5
```

(4)
```
     2
 33)92
    66
    26
```
(5)
```
      9
 58)569
    522
     47
```
(6)
```
      29
 22)653
    44
    213
    198
     15
```

② 式　45000÷50＝900　　答え　900円

③ (1) 4　　(2) 16　　(3) 12

3

トライ 4

1 (1) 10 　(2) 13 　(3) 66
2 (1) 129 　(2) 679 　(3) 600
3 式　4×6+4×2=32

答え　32個

トライ 5

1 (1)
```
  0.9 1
+ 0.3 8
─────
  1.2 9
```
(2)
```
  0.0 6 6
+ 0.1 6 5
───────
  0.2 3 1
```
(3)
```
  9.0 0
+ 5.2 6
─────
 1 4.2 6
```

(4)
```
   7.0 5
+ 1 1.9 5
───────
 1 9.0 0
```
(5)
```
  2 4.0 0
+   8.7 3
───────
  3 2.7 3
```
(6)
```
  4.6 2
- 3.9 8
─────
  0.6 4
```

(7)
```
  2.5 4
- 1.4 0
─────
  1.1 4
```
(8)
```
 3 4.7 0
-   0.9 2
───────
 3 3.7 8
```
(9)
```
  5.0 0 0
- 0.0 7 4
───────
  4.9 2 6
```

2 式　2.53−1.736=0.794　答え　0.794L

トライ 6

1 (1)
```
  0.8
×   7
────
  5.6
```
(2)
```
 1 2.5
×   6
────
 7 5.0
```
(3)
```
  6.7
×  2 3
────
  2 0 1
 1 3 4
────
 1 5 4.1
```

(4)
```
  3 6.8
×   4 0
─────
 1 4 7 2.0
```
(5)
```
   4 6
×  2.7
────
  3 2 2
 9 2
────
 1 2 4.2
```
(6)
```
   5.5 4
×   1.5
─────
  2 7 7 0
 5 5 4
─────
 8.3 1 0
```

(7)
```
  9.3
× 0.7
────
  6.5 1
```
(8)
```
  0.4
× 0.6
────
  0.2 4
```
(9)
```
  1.7 5
×   0.4
─────
  0.7 0 0
```

2 式　12.7×0.4=5.08　答え　5.08kg

トライ 7

1 (1)
```
        7.5
     ─────
   3) 2 2.5
      2 1
      ───
        1 5
        1 5
        ───
          0
```
(2)
```
         0.7
      ──────
   9.6) 6.7 2
         6 7 2
         ─────
             0
```
(3)
```
        1 6
      ─────
   0.5) 8 0.
         5
         ──
         3 0
         3 0
         ──
          0
```

2 (1)
```
         3
      ─────
   1 2) 4 5.9
        3 6
        ───
        9.9
```
(2)
```
         3
      ─────
   1.6) 5.8
        4 8
        ───
        1.0
```
(3)
```
         6 3
      ──────
   8.2) 5 2 0 0.
        4 9 2
        ─────
          2 8 0
          2 4 6
          ─────
            3.4
```

3 式　3.9÷2.2=1.77…　答え　約1.8kg

解説

トライ 2

2 1本のねだん×本数＝代金
筆算ですると，
```
    1 2 8
×     6 0
───────
  7 6 8 0
```

3 (1) 18は9の2倍だから，
3×18=3×9×2=27×2=54

トライ 3

2 バスを借りる費用÷人数＝1人分のバス代
筆算ですると，
```
          9 0 0
      ─────────
  5 0) 4 5 0 0 0
       4 5
       ───
         0
```

3 (1) わられる数とわる数を7でわって，
84÷21 → 12÷3=4
(2) わられる数とわる数を10でわって，
800÷50 → 80÷5=16
(3) わられる数とわる数に4をかけて，
300÷25 → 1200÷100=12

トライ 4

2 100のまとまりをつくります。
(1) 48+29+52=48+52+29
=(48+52)+29=100+29=129
(2) 97×7=(100−3)×7
=700−21=679
(3) 25×24=25×(4×6)
=(25×4)×6=100×6=600

3 6×4+2×4=32でも正解です。

トライ 5

2 筆算ですると，
```
  2.5 3 0
- 1.7 3 6
───────
  0.7 9 4
```

トライ 6

2 親の体重を1とみたとき，子どもの体重が
0.4にあたります。
筆算ですると，
```
  1 2.7
×   0.4
─────
  5.0 8
```

4

トライ 7

③ 筆算ですると,

$$
\begin{array}{r}
1.7\,7 \\
2.2\,)\overline{3.9.} \\
\underline{2\,2} \\
1\,7\,0 \\
\underline{1\,5\,4} \\
1\,6\,0 \\
\underline{1\,5\,4} \\
6
\end{array}
$$

パズル & クイズ

正しい薬を調合しよう!

答え 1・5(順不同)

解説

縦, 横, ななめの
どの4つの数の
和も34になります。

*1	15	14	4
12	6	7	9
8	10	11	*5
13	3	2	16

DAY 3

トライ 1

① (1) $\dfrac{10}{9}\left(1\dfrac{1}{9}\right)$ (2) 1

(3) $\dfrac{25}{6}\left(4\dfrac{1}{6}\right)$ (4) $\dfrac{19}{3}\left(6\dfrac{1}{3}\right)$

(5) 3 (6) $\dfrac{6}{5}\left(1\dfrac{1}{5}\right)$

(7) $\dfrac{28}{5}\left(5\dfrac{3}{5}\right)$ (8) $\dfrac{4}{7}$

(9) $\dfrac{13}{8}\left(1\dfrac{5}{8}\right)$

トライ 2

① (1) $2, 9$ (2) $39, 2$

② $\dfrac{28}{35}, \dfrac{15}{35}$

③ (1) $>$ (2) $=$ (3) $<$

④ (1) $\dfrac{8}{9}$ (2) $1\dfrac{1}{5}\left(\dfrac{6}{5}\right)$

トライ 3

① (1) $\dfrac{7}{12}$ (2) $\dfrac{59}{12}\left(4\dfrac{11}{12}\right)$

(3) $\dfrac{32}{15}\left(2\dfrac{2}{15}\right)$ (4) $\dfrac{17}{45}$

(5) $\dfrac{11}{6}\left(1\dfrac{5}{6}\right)$ (6) $\dfrac{7}{6}\left(1\dfrac{1}{6}\right)$

② (1) 式 $\dfrac{13}{12}+\dfrac{7}{6}=\dfrac{9}{4}$ 答え $\dfrac{9}{4}\left(2\dfrac{1}{4}\right)$ L

(2) 式 $\dfrac{7}{6}-\dfrac{13}{12}=\dfrac{1}{12}$ 答え $\dfrac{1}{12}$ L

トライ 4

① (1) $\dfrac{14}{3}\left(4\dfrac{2}{3}\right)$ (2) $\dfrac{22}{9}\left(2\dfrac{4}{9}\right)$ (3) $\dfrac{1}{16}$

② (1) $\dfrac{6}{17}$ (2) 4 (3) $\dfrac{10}{9}$

③ (1) $\dfrac{3}{7}$ (2) $\dfrac{1}{14}$ (3) $\dfrac{18}{35}$

トライ 5

① (1) 3.9 (2) 44 (3) 14

② (1) $\dfrac{1}{20}$ (0.05) (2) $\dfrac{13}{30}$ (3) $\dfrac{1}{36}$

トライ 6

① (1) $\dfrac{1}{14}$ (2) 1 (3) $\dfrac{8}{5}\left(1\dfrac{3}{5}\right)$

(4) $\dfrac{1}{30}$ (5) $\dfrac{15}{8}\left(1\dfrac{7}{8}\right)$ (6) $\dfrac{1}{50}$

(7) $\dfrac{3}{20}$ (8) 10

トライ 7

① $20-x$(cm)

② (1) $x\times9=y$ (2) 72

解説

トライ 1

① (9) 整数を分数になおして計算します。

$$3-1\dfrac{3}{8}=2\dfrac{8}{8}-1\dfrac{3}{8}=1\dfrac{5}{8}$$

トライ2

④ 分母と分子の最大公約数で約分します。

トライ3

② (2) $\frac{7}{6}$ は $\frac{13}{12}$ より大きいので，

$$\frac{7}{6} - \frac{13}{12} = \frac{14}{12} - \frac{13}{12} = \frac{1}{12}$$

トライ4

① 計算のとちゅうで約分できるときは，約分してから計算します。

(3) $\frac{25}{12} \times \frac{3}{100} = \frac{\overset{1}{25} \times \overset{1}{3}}{\underset{4}{12} \times \underset{4}{100}} = \frac{1}{16}$

③ わる数の逆数をかけます。

(3) $\frac{9}{10} \div 1\frac{3}{4} = \frac{9}{10} \div \frac{7}{4}$

$= \frac{9 \times \overset{2}{4}}{\underset{5}{10} \times 7}$

$= \frac{18}{35}$

トライ5

② 小数を分数になおして計算します。

(3) $\frac{7}{9} - 0.75 = \frac{7}{9} - \frac{75}{100}$

$= \frac{28}{36} - \frac{27}{36}$

$= \frac{1}{36}$

トライ6

① 小数や整数を分数になおして計算します。

(5) $0.6 \times 1\frac{1}{4} \div \frac{2}{5} = \frac{\overset{3}{6} \times 5 \times 5}{10 \times 4 \times 2}$

$= \frac{15}{8} \left(1\frac{7}{8} \right)$

パズル & クイズ

ひみつのパスワード

答え 43

| 解説 |

真ん中の数は，上下の数の積と左右の数の積の和です。$5 \times 5 + 3 \times 6 = 43$

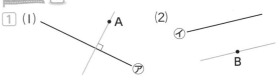

DAY 4

トライ1

① (1) 140° 　　(2) 290°

②
ア———————イ

③ 45°

トライ2

① (1) ・A 　　(2) ⟨イ⟩
⟨ア⟩ 　　・B

② ⓐ70° 　　ⓘ70° 　　ⓤ110°

トライ3

① 二等辺三角形…ⓦ 　　正三角形…ⓔ
② (1) 70° 　　(2) 150°

トライ4

① (1) ⓦ・ⓞ 　　(2) ⓔ・ⓞ
② 80°

トライ5

① (1) 正八角形 　　(2) 135°
②

トライ6

① (1) 8cm 　　(2) 25.12cm
② 71.96cm
③ 6倍

トライ7

① (1) 辺GF 　　(2) 角H
　　(3) 3cm 　　(4) 50°
②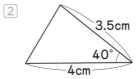
3.5cm　40°　4cm

解説

トライ1
③ 90−45＝45

トライ2
② うの角度＝180−いの角度だから，
180−70＝110

トライ3
② (2) 三角形の3つの角の和は180°だから，
180−(120＋30)＝30
いの角度は180−30＝150

トライ4
② 360−(120＋90＋70)＝80

トライ6
① (2) 直径×円周率だから，
8×3.14＝25.12
② 28×3.14÷2＋28＝71.96

トライ7
① (3) 辺EHに対応する辺は辺DAです。
(4) 角Fに対応する角は角Cです。

パズル＆クイズ

かべをぬり分けよう！

答え　イ

解説

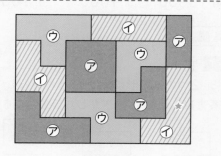

DAY 5

トライ1
① (1) ア，エ
(2)

トライ2
①
② (1) 6本
(2)

トライ3
① 拡大図…イ　縮図…オ
②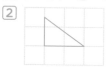

トライ4
① (1) $\dfrac{1}{20000}$
(2) 800m
② 4.5m

トライ5
① 4cm
② (1) 12本
(2) 2つずつ3組

トライ6
① (1) い
(2) 辺BC，辺BF
② (1) 点B（横　4　m，縦　1　m）
(2) 点C（横　5　m，縦　4　m）

トライ7
① (1) 三角柱
(2) 3つ
(3) 見取図
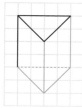
展開図
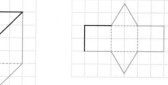

7

解説

トライ 2

② (2) 対応する2つの頂点を結んだ直線が交わった点が対称の中心です。

トライ 3

② 辺の長さが$\frac{1}{2}$になるように縮図をかきます。

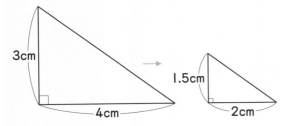

トライ 4

① (1) ABの実際の長さは600mで，縮図上の長さが3cmだから，600m＝60000cm

$3 \div 60000 = \frac{1}{20000}$

② 縮図上のACの長さは1.5cmだから，

1.5×200＝300　300cm＝3m

ゆみさんの目の高さは1.5mだから，木の高さは，1.5＋3＝4.5で，4.5mです。

トライ 5

① 箱の幅は16cmだから，ボールの直径は

16÷2＝8

直径は半径の2倍だから，半径は8÷2＝4で，4cmです。

パズル&クイズ

どこからとった写真かな？

答え　㋐

解説

横から見たピラミッドがどのように重なるか考えます。ピラミッドは，エジプトにある大きな建造物です。

DAY 6

トライ 1

① (1) 36cm²　　(2) 32cm²
　 (3) 38cm²　　(4) 56cm²

トライ 2

① (1) 36cm²　　(2) 38.5cm²
　 (3) 45.5cm²　(4) 8.75cm²

トライ 3

① (1) 113.04cm²　(2) 25.12cm²
　 (3) 37.68cm²　 (4) 21.5cm²

トライ 4

① (1) 72cm³　　(2) 64m³
　 (3) 1008cm³
② 36000cm³

トライ 5

① (1) 108cm³　　(2) 392.5m³
　 (3) 49.455cm³　(4) 138cm³

トライ 6

① 約225km²
② 約4800cm³
③ 約2512cm³

トライ 7

① (1) 1　　　(2) 1000　　(3) 1000
　 (4) 10000　(5) 1000　　(6) 100

解説

トライ 1

① (3) 2つの長方形に分けるか，つぎたして大きい長方形をつくり，つぎたした部分をひきます。

(4) 大きい長方形から，中の長方形をひきます。

トライ ②

1 (2) 上底が8cm，下底が3cm，高さが7cm
だから，（8＋3）×7÷2＝38.5

トライ ③

1 半径×半径×円周率にあてはめて考えます。

(3) 半径4cmの円の半分の面積は，
4×4×3.14÷2＝25.12
半径2cmの円の半分の面積は，
2×2×3.14÷2＝6.28
25.12＋6.28＋6.28＝37.68

(4)

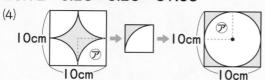

㋐の部分を組みかえて考えます。
10×10−5×5×3.14＝21.5

トライ ④

2 内のりの縦，横，高さから，
20×60×30＝36000

トライ ⑤

1 (4) 右のような図形と
みて，底面積を求めると，

4×4＋5×6＝46
高さが3cmだから，46×3＝138

パズル & クイズ

ぬけ出せ！ おばけ城

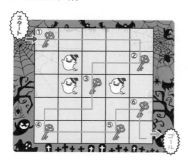

| 解説 |

同じマスを通らないように注意します。

DAY 7

トライ ①

1 Bのチョコレート
2 A町

トライ ②

1 (1) 時速3.3km　　(2) 秒速24m
2 Bの自転車

トライ ③

1 (1) 280km　　(2) 240m
2 (1) 45分　　(2) 3.5時間
3 かなさん

トライ ④

1 ジャガイモ
2 0.2倍

トライ ⑤

1 33人
2 4000円
3 2500㎡

トライ ⑥

1 (1) 7%　　　　(2) 60%
　(3) 125%　　(4) 800%
2 (1) 0.4　　　(2) 0.09
　(3) 0.038　　(4) 1.7
3 30%

トライ ⑦

1 1260円
2 92g
3 2500円

| 解説 |

トライ ①

1 (1) A…380÷15＝25.33…
　　B…520÷24＝21.66…
(2) A町…13423÷72＝186.43…
　　B町…6772÷57＝118.80…

トライ 2

1. (1) $16.5 \div 5 = 3.3$ 　時速3.3km
　 (2) $168 \div 7 = 24$ 　秒速24m
2. A…$1200 \div 5 = 240$ 　分速240m
　 B…$2200 \div 8 = 275$ 　分速275m

トライ 3

1. (1) $70 \times 4 = 280$ 　280km
　 (2) $12 \times 20 = 240$ 　240m
2. (1) $810 \div 18 = 45$ 　45分
　 (2) $735 \div 210 = 3.5$ 　3.5時間
3. ゆうとさんの歩く速さを時速になおします。
　$50 \times 60 = 3000$ 　3000m＝3kmだから，
　分速50mは時速3kmです。

トライ 4

1. ジャガイモ…$150 \div 50 = 3$ 　3倍
　 トマト…$200 \div 100 = 2$ 　2倍
2. $3 \div 15 = 0.2$ 　0.2倍

トライ 5

1. $22 \times 1.5 = 33$ 　33人
2. $7200 \div 1.8 = 4000$ 　4000円
3. $375 \div 0.15 = 2500$ 　2500㎡

トライ 6

3. $420 \div 1400 = 0.3$ 　$0.3 \times 100 = 30$
　30%

トライ 7

1. $1800 \times (1 - 0.3) = 1800 \times 0.7 = 1260$
2. $80 \times (1 + 0.15) = 80 \times 1.15 = 92$
3. $1500 \div (1 - 0.4) = 1500 \div 0.6$
　$= 2500$

パズル＆クイズ

いちばんにゴールするのはだれ！?

答え　こうじさん

解説

単位をそろえます。すべて時速にそろえると，
りかさん…時速20.88km　まきさん…時速
21.24km　こうじさん…時速22.68km

DAY 8

トライ 1

1. (1) $\dfrac{2}{3}$ 　　　　 (2) $\dfrac{4}{3}$
2. (1) 3:1 　　　 (2) 5:8
　 (3) 8:3 　　　 (4) 1:2

トライ 2

1. (1) 10 　 (2) 9 　 (3) 42 　 (4) 8
2. なおさん…1.2L 　　 妹…0.9L

トライ 3

1. (1) $y = 2 \times x$ 　　 (2) ㋐8 　㋑5
　 (3) 18cm²

トライ 4

1. (1) $y = 4 \times x$
　 (2)(3) 右のグラフ
　 (4) 18

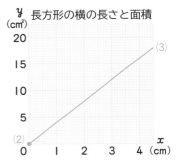
長方形の横の長さと面積

トライ 5

1. (1) 1800円 　　　 (2) 2700円
2. 225g

トライ 6

1. (1) 2倍 　 (2) $y = 48 \div x$ 　 (3) 0.8

トライ 7

1.
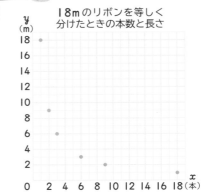
18mのリボンを等しく
分けたときの本数と長さ

トライ 1

② (3) $6.4 : 2.4 = 64 : 24 = 8 : 3$

(4) $\frac{3}{8} : \frac{3}{4} = 3 : 6 = 1 : 2$

トライ 2

① (3) 整数の比になおします。

$0.2 : 0.7 = 2 : 7$ だから，$2 : 7 = 12 : x$（エックス）

$2 \times 6 = 12$ だから，$x = 7 \times 6 = 42$

(4) $\frac{4}{9} : \frac{1}{6} = 8 : 3$ だから，$8 : 3 = x : 3$

$x = 8$

② 全体の比は 7 だから，全体の量を 1 とみて，

なおさんの量は $2.1 \times \frac{4}{7} = 1.2$　1.2L

妹の量は $2.1 \times \frac{3}{7} = 0.9$　0.9L

トライ 3

① $\underset{\text{三角形の面積}}{y}$（ワイ）$= 4 \times \underset{\text{底辺}}{x} \div \underset{\text{高さ}}{2}$

トライ 4

① $\underset{\text{長方形の面積}}{y} = 4 \times \underset{\text{横}}{x}$ 縦

トライ 5

① (1) $600 \div 200 = 3$　だから，

$600 \times 3 = 1800$　1800円

(2) $900 \div 200 = 4.5$　だから，

$600 \times 4.5 = 2700$　2700円

トライ 6

① (2) $x \times y = 48$　だから，$y = 48 \div x$

パズル & クイズ

いちばん重いふくろはどれ？

答え　ウ　

はかりのかたむきから，㋐の重さ＜㋑の重さ，
㋒の重さ＞㋓の重さ，㋒の重さ＞㋑の重さです。

DAY 9

トライ 1

① (1) 好きなスポーツ調べ（1組）　　(2) サッカー

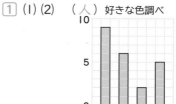

種　類	人数（人）
サッカー	9
野　球	7
ドッジボール	5
テニス	3
合　計	24

トライ 2

① ㋐29　　㋑15　　㋒32　　㋓96

② 3人

トライ 3

① (1) (2)　（人）好きな色調べ　　(3) 赤

トライ 4

① (1) 21度　　(2) 3月から4月の間　　(3) 6月

トライ 5

① 55%

② (1) 10%　　　　(2) 18冊

トライ 6

① 3.5点

② 168.4g

トライ 7

① 2600mL

② (1) 約0.56m　　　(2) 約35.84m

トライ 2

② イヌを飼っている人と，ネコを飼っている人
の交わっているところを見ると，3人です。

トライ 5

② (2) 割合（わりあい）は9%だから，$200 \times 0.09 = 18$
18冊です。

トライ 6

1 （5＋4＋5＋0）÷4＝14÷4＝3.5

2 （165＋170＋171＋169＋167）÷5＝168.4

トライ 7

1 130×20＝2600　2600mL

2 (1) 10歩のきょりの平均を求めます。

（5.62＋5.58＋5.5＋5.63＋5.57）÷5＝5.58

1歩のきょりの平均は，5.58÷10＝0.558

(2) 歩幅×歩数だから，0.56×64＝35.84

パズル＆クイズ

グラフのまちがい探し

答え　正しくない

解説

全体の人数は4年生が80人，5年生が84人
です。割合が同じでも，人数はちがいます。

DAY 10

トライ 1

1 (1) 14分　　　(2) 12分

トライ 2

1 (1) 3冊　　　(2) 2冊

トライ 3

1
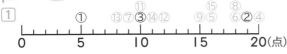

トライ 4

1 (1) ㋐4　㋑14　(2) 45点以上50点未満

(3) 50%

トライ 5

1 (1)

(2) 2組

トライ 6

1 246，264，426，462，624，642　の
6通り

2 4通り

トライ 7

1 (1) うし，うお，うこ，うツ，しお，しこ，
しツ，おこ，おツ，こツ　の10通り

(2) うしお，うしこ，うしツ，うおこ，
うおツ，うこツ，しおこ，しおツ，
しこツ，おこツ　の10通り

解説

トライ 1

1 (1) 男子の通学時間をすべてたすと196分

196÷14＝14

(2) 女子の通学時間をすべてたすと156分

156÷13＝12

トライ 2

1 (2)
中央値
0 0 1 1 1 2 2 　2　 3 3 3 3 5 5 6

トライ 4

1 (3) （2＋5）÷14＝0.5

0.5×100＝50　50%

トライ 6

1 樹形図をかくと，

$2 \begin{cases} 4-6 \\ 6-4 \end{cases}$　$4 \begin{cases} 2-6 \\ 6-2 \end{cases}$　$6 \begin{cases} 2-4 \\ 4-2 \end{cases}$

トライ 7

1 重なりがないように注意しましょう。

パズル＆クイズ

花びんを割ったのはだれ？

答え　たくさん

解説

うそをついている人を仮に決め，1人だけうそ
をついているという条件に合うかを調べます。

復習テスト ①

1 (1) 4兆6000億 　(2) 3.24

(3) 2，6，4 　(4) 15，1

2 180

3 6

4 635以上644以下

5 (1) 160 　(2) 65

(3) $\dfrac{31}{9}\left(3\dfrac{4}{9}\right)$ 　(4) $\dfrac{1}{9}$

6 (1)
```
   1 5 8
 + 8 4 2
 ─────────
 1 0 0 0
```
(2)
```
   5 2 8 0
 + 5 7 3 6
 ─────────
 1 1 0 1 6
```
(3)
```
   4.3 2 9
 + 0.7 4 1
 ─────────
 5.0 7 0
```

(4)
```
   7 8 2
 - 5 9 3
 ─────────
   1 8 9
```
(5)
```
   9 0 3 0
 - 3 5 4 8
 ─────────
   5 4 8 2
```
(6)
```
   1 0.5 2
 -    6.3 4
 ─────────
    4.1 8
```

(7)
```
     7 0 3
 ×     4 6
 ─────────
   4 2 1 8
 2 8 1 2
 ─────────
 3 2 3 3 8
```
(8)
```
   4.6 2
 ×   1 5
 ─────────
 2 3 1 0
 4 6 2
 ─────────
 6 9.3 0
```
(9)
```
   0.2 8
 ×   3.7
 ─────────
 1 9 6
 8 4
 ─────────
 1.0 3 6
```

(10)
```
        4 3
 2 1 ) 9 0 3
       8 4
       ───
         6 3
         6 3
         ───
           0
```
(11)
```
       1.5
 8 ) 1 2 0
     8
     ───
     4 0
     4 0
     ───
       0
```
(12)
```
          3 4
 1.6 ) 5 4.4.
        4 8
        ───
         6 4
         6 4
         ───
           0
```

7 式 $\dfrac{7}{9}\div\dfrac{5}{12}=\dfrac{28}{15}\left(1\dfrac{13}{15}\right)$

答え $\dfrac{28}{15}$kg$\left(1\dfrac{13}{15}$kg$\right)$

8 (1) $y=x\times3$ 　(2) 180

解説

1 (2) 3240の $\dfrac{1}{1000}$ だから，小数点が左に 3けた移動します。

2 5と9の公倍数：45，90，135，180，… この中から4の倍数を見つけ，いちばん小さいものが4，5，9の最小公倍数です。

3 12と18の公約数：1，2，3，6 この中から72の約数を見つけ，いちばん大きいものが12，18，72の最大公約数です。

4 十の位までのがい数にするときは，その1つ下の，一の位で四捨五入します。
一の位を四捨五入して，640になる整数の中で，いちばん小さい数といちばん大きい数を見つけます。

5 (3) $\left(\dfrac{7}{8}+\dfrac{5}{12}\right)\times\dfrac{8}{3}=\dfrac{31\times\overset{1}{8}}{\underset{3}{24}\times3}=\dfrac{31}{9}$

(4) $0.5\div\dfrac{3}{4}\div6=\dfrac{5\times\overset{2}{4}\times1}{10\times3\times\underset{3}{6}}=\dfrac{1}{9}$

6 (9)
```
     0.2 8
 ×     3.7
 ─────────
 1 9 6
 8 4
 ─────────
 1.0 3 6
```

(12)
```
          3 4
 1.6 ) 5 4 4.
        4 8
        ───
         6 4
         6 4
         ───
           0
```

7 $\dfrac{7}{9}\div\dfrac{5}{12}=\dfrac{7\times\overset{4}{12}}{\underset{3}{9}\times5}=\dfrac{28}{15}$

8 (1) 道のり＝速さ×時間にyとxをあてはめます。

(2) $y=60\times3=180$

13

復習テスト ②

① 70°
② 45.68cm
③ 5本
④ 250m
⑤ (1) 円柱
   (2) 5cm
⑥ (1) 90cm²
   (2) 27.93cm²
⑦ (1) 36cm³
   (2) 508.68m³

解説
---

① 180−(60+50)＝180−110＝70

② 半径8cmの円の半分と，半径4cmの円の半分に分けて考えます。
16×3.14÷2＋8×3.14÷2＋8
＝25.12＋12.56＋8＝45.68

③
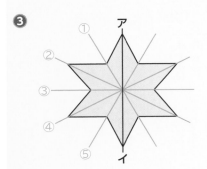

④ ABの実際の長さは200mで，縮図上の長さが4cmだから，
200m＝20000cm

4÷20000＝$\frac{1}{5000}$

縮尺は$\frac{1}{5000}$

縮図上のACの長さは5cmだから
5×5000＝25000
25000cm＝250m

⑤ (1) 底面の形が円だから，円柱です。
(2) 組み立てたときに高さがどの辺になるかを考えます。

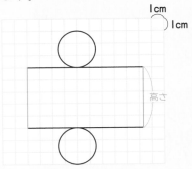

⑥ (1) 2つの三角形に分けて考えます。
12×9÷2＋12×6÷2＝90
(2) 正方形…7×7＝49
白い部分…49−7×7×3.14÷4＝10.535
正方形の面積から，白い部分の面積をひくと，
49−10.535×2＝27.93

⑦ (1) 右のような図形とみて底面積を求めます。
3×5＋1×3＝18
高さは2cmだから，
18×2＝36

(2) 右のような図形とみて底面積を求めます。
6×6×3.14÷2
＝56.52
高さは9mだから，
56.52×9＝508.68

復習テスト ③

❶ (1) 約5.6㎡
    (2) 約0.18人
❷ 特急列車
❸ (1) 0.46倍
    (2) 46%
❹ A…168個
    B…42個
❺ (1) たくやさん
    (2) 200m
❻ $y = 500 \div x$

解説

❶ (1) 1人あたりの面積だから，面積÷人数 で求めます。
$180 \div 32 = 5.625$
上から2けたのがい数にするから，
$5.625 \rightarrow 5.6$
(2) 1㎡あたりの人数は，人数÷面積 で求めます。
$32 \div 180 = 0.177\ldots$

❷ 時速90kmを分速になおすと，
$90km \rightarrow 90000m$
$90000 \div 60 = 1500$
特急列車は分速1500mだから，特急列車のほうが速いです。

（別の解き方）
分速1100mを時速になおしてもよいです。
$1100 \times 60 = 66000$
$66000m \rightarrow 66km$
自動車は時速66kmだから，特急列車のほうが速いです。

❸ (1) ユリの本数÷チューリップの本数 で求めます。
$69 \div 150 = 0.46$
(2) 百分率になおすから，(1)で求めた数に100 をかけます。

❹ 全体の比は5だから，全体の量を1とみて，
A…$210 \times \dfrac{4}{5} = 168$
B…$210 \times \dfrac{1}{5} = 42$

❺ (1) グラフから，1分あたりに進む道のりが長いのはたくやさんです。
(2) 5分後のたくやさんと妹の自転車で走った道のりをグラフから読み取ると，
たくやさん…1000m
妹…800m
$1000 - 800 = 200$だから，200mはなれています。

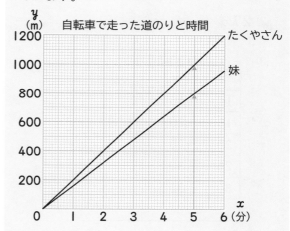
自転車で走った道のりと時間

❻ $x \times y = 500$だから，$y = 500 \div x$
$x \times y = $きまった数だから，これは反比例の式です。

15

復習テスト ④

❶ (1) エ (2) ウ
   (3) ア (4) イ

❷ ⑦折れ線グラフ   ⑦円グラフ
   ⑦棒グラフ   ⑦ヒストグラム
              （柱状グラフ）

❸ 10試合

❹ (1)

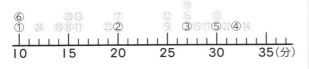

(2) 27分

(3)
1日の読書時間

時間（分）	人数（人）
10以上～15未満	4
15　～20	5
20　～25	2
25　～30	8
30　～35	5
合計	24

(4)
（人）　**1日の読書時間**

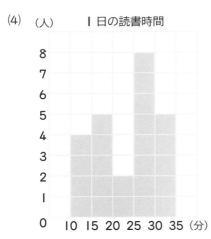

解 説

❶, ❷ ⑦折れ線グラフ…変化のようすを調べることができます。

⑦円グラフ…全体に対する割合を見ることができます。

⑦棒グラフ…数量の大小を比べることができます。

⑦ヒストグラム（柱状グラフ）…全体のちらばりのようすを見ることができます。

❸ 表に整理すると，

	A	B	C	D	E
A		○	○	○	○
B			○	○	○
C				○	○
D					○
E					

全部で10試合になります。

❹ (1) ドットプロットをかいたら，①～㉔までの数字をすべてかいたかどうか確かめましょう。

(2) (1)のドットプロットをもとに考えると，いちばんドットが積み上がっている27分が最頻値であることがわかります。

(4) (3)の度数分布表をもとにヒストグラムをつくります。

この本の使い方

❶ 復習する単元のポイントを確認しよう！

その日に復習する単元のポイントを解説。
問題を解く前に読んで，学習のポイントを
おさえましょう。

❷ トライ問題にチャレンジ！

小学校1〜6年で学習した内容を出題して
います。わからないときは，ヒントやおさらいを
読んで，もう一度チャレンジしましょう。

❸ パズル＆クイズで，力だめし！

算数の知識をいかして解くパズルやクイズを
出題しています。

❹ 復習テストを解こう！

10日間で学習した内容を4回のテストに
分けて出題しています。

❺ 巻末資料で算数力をみがこう！

巻末資料には，問題を解くときに大切な考え方や，
小学校で学習する内容をまとめた資料がついています。

その日に
復習する
単元

ポイント

トライ問題

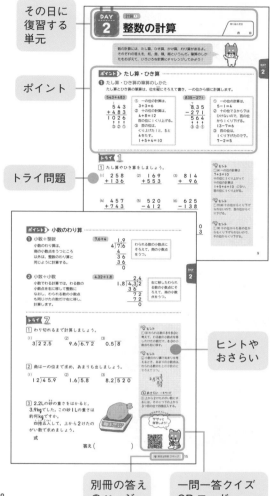

ヒントや
おさらい

別冊の答え
のページ

一問一答クイズ
QR コード

一問一答クイズ

DAY1〜DAY10 には，**QR コードを読み取るだけで利用できる**
一問一答クイズがついています。その日の内容をゲーム感覚で
簡単にふり返ることができ，習得度の確認にも役立ちます。

スマホやタブレットで
ササッと
復習しよう

右の QR コード，または DAY1〜DAY10 の
最後のページにのっている QR コードから
アクセスできます。

PCから URL：https://cds.chart.co.jp/books/z3l0mdn08s

便利な使い方 一問一答クイズが利用できるページをスマホやタブレットのホーム画面に追加することで，毎回 QR コードを読みこまなくても起動できるようになります。
くわしくは QR コードを読み取り，左上のメニューバー「≡」＞「ヘルプ」＞「便利な使い方」をご覧ください。

・QR コードは株式会社デンソーウェーブの登録商標です。　・内容は予告なしに変更する場合があります。
・通信料はお客様のご負担となります。Wi-Fi 環境での利用をおすすめします。　・初回使用時は利用規約を必ずお読みいただき，同意いただいた上でご使用ください。

✦ も く じ ✦

小学6年間の算数を
10日でしっかり
総復習しよう！

数犬 チャ太郎

数のしくみ

数の表し方としくみ

整数や小数は，それぞれの位に，その位の数が何個あるかで表すんだ。0〜9の10個の数字と小数点を使えば，どんな大きさの整数や小数でも表すことができるよ。

ポイント▶ 大きい数のしくみ

❶ 大きい数のしくみ

整数は4けたごとに，一，十，百，千がくり返され，万，億，兆と単位が変わっていきます。
右の数は七兆四千億と読みます。

千	百	十	一	千	百	十	一	千	百	十	一	千	百	十	一
		兆				億				万					
		7	4	0	0	0	0	0	0	0	0	0	0	0	0

❷ 10倍した数，$\frac{1}{10}$ にした数

整数を10倍するごとに，位は1けたずつ上がります。
整数を $\frac{1}{10}$ にするごとに，位は1けたずつ下がります。

億			万						
3	2	0	0	0	0	0	0	0	0
	3	2	0	0	0	0	0	0	0
		3	2	0	0	0	0	0	0

10倍
$\frac{1}{10}$

トライ 1

1️⃣ 次の数を数字で書きましょう。

八兆七千五十一億（　　　　　　　　　　　　　）

2️⃣ □ にあてはまる数を書きましょう。

(1) 1兆を4個，10億を9個あわせた数は

[　　　　　　] です。

(2) 1000万を81個集めた数は

[　　　　　　] です。

(3) 730万を10倍した数は [　　　　　　] です。

(4) 2兆を $\frac{1}{10}$ にした数は [　　　　　　] です。

💡 **ヒント**
1️⃣ 読まない位には0を書く。

💡 **ヒント**
2️⃣(1) 1兆が4個→　4兆
　　　10億が9個→90億

💡 **ヒント**
2️⃣(2) 単位になる数を下に書いて考えるとよい。
81 0000000
 1 0000000

📘 **もっとくわしく**
2️⃣(4) 整数を $\frac{1}{10}$ にした数は，整数を10でわった数ともいえる。

❶ 小数のしくみ

0.1のような数を小数，「.」を小数点と
いいます。

一の位の右から，$\frac{1}{10}$の位，$\frac{1}{100}$の位，

$\frac{1}{1000}$の位，また，それぞれ小数第一位，

小数第二位，小数第三位といいます。

一の位	$\frac{1}{10}$の位	$\frac{1}{100}$の位	$\frac{1}{1000}$の位
5	7	3	2

↑
小数点

❷ 小数の大きさ

右のように，小数の大きさを
整数で表すことができます。

3は	0.01を	300個
0.5は	0.01を	50個
0.08は	0.01を	8個

3.58は0.01を358個
集めた数です。

❸ 整数と小数

小数や整数を10倍，100倍，…すると，
小数点の位置は，それぞれ右に1けた，

2けた，…移り，$\frac{1}{10}$，$\frac{1}{100}$，…にすると，

それぞれ左に1けた，2けた，…移ります。

10倍 ⟶ ← $\frac{1}{10}$

トライ 2

1 次の長さを（ ）の中の単位で書きましょう。

(1) **6.687kg（g）**　　　　（　　　　　　　）

(2) **3.92L（mL）**　　　　（　　　　　　　）

(3) **43m（km）**　　　　　（　　　　　　　）

2 □にあてはまる数を書きましょう。

(1) **5.319は0.001を** □ **個集めた数です。**

(2) **1.71を100倍した数は** □ **です。**

(3) **650を$\frac{1}{100}$にした数は** □ **です。**

💡ヒント
1(1)(2) 1kg＝1000g
1L＝1000mL

💡ヒント
1(3) 1m＝0.001km

💡ヒント
2(2) 10倍するごとに小数点
は右に1けたずつ移る。

💡ヒント
2(3) $\frac{1}{10}$にするごとに小数点
は左に1けたずつ移る。

ポイント ▶ 分数のしくみ ···

❶ 分数のしくみと表し方

1より小さい分数を真分数，
1に等しいか，1より大きい分数を仮分数，
整数と真分数の和で表される分数を帯分数
といいます。

真分数… $\dfrac{1}{2}$　$\dfrac{2}{3}$　$\dfrac{10}{21}$

仮分数… $\dfrac{4}{3}$　$\dfrac{8}{2}$　$\dfrac{36}{5}$

帯分数… $1\dfrac{1}{3}$　$2\dfrac{4}{5}$

❷ 帯分数と仮分数

帯分数は仮分数に，仮分数は帯分数になおすことができます。

$$1\dfrac{3}{4} = \dfrac{7}{4}$$
$$4 \times 1 + 3 = 7$$

$$\dfrac{7}{4} = 1\dfrac{3}{4}$$
$$7 \div 4 = 1 \text{ あまり } 3$$

❸ 分数と整数，小数の関係

分数を小数で表すには，分子を分母でわります。

$$\dfrac{1}{4} = 1 \div 4 = 0.25$$

小数は，分母が10，100などの分数で表すことができます。

$$0.9 = \dfrac{9}{10} \qquad 0.61 = \dfrac{61}{100} \qquad 2.83 = \dfrac{283}{100}$$

整数は，1を分母とする分数で表すことができます。

$$6 = 6 \div 1 = \dfrac{6}{1} \qquad 25 = 25 \div 1 = \dfrac{25}{1}$$

トライ ❸

1 □にあてはまる，等号や不等号を書きましょう。

(1) $1\dfrac{1}{5}$ □ $\dfrac{8}{5}$　　　(2) $\dfrac{12}{7}$ □ $1\dfrac{5}{7}$

(3) 0.9 □ $\dfrac{3}{5}$　　　(4) $\dfrac{17}{20}$ □ 1.3

2 次の小数や整数を，分数で表しましょう。

(1) 0.3 $\Big($　　$\Big)$　　　(2) 8 $\Big($　　$\Big)$

3 次の数を，下の数直線に表しましょう。

㋐ $1\dfrac{3}{4}$　　㋑ 0.25　　㋒ 1.4　　㋓ $\dfrac{3}{2}$

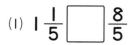

1 分数どうしを比べるときは，帯分数を仮分数になおす。
分数と小数を比べるときは，分数を小数になおす。

2 わり算の商は，分数で表すことができるから，整数は1を分母とする整数で表すと
$$4 = 4 \div 1 = \dfrac{4}{1}$$

3 0から1までが20等分されていることから，1めもりがいくつか考える。

DAY 1 数のしくみ
整数の性質

整数は，2でわり切れるかどうかで偶数と奇数に分けられるんだ。また，着目することがらを変えると，倍数や約数など，整数にはいろいろな性質があることがわかるよ。

ポイント 偶数・奇数，倍数・公倍数

❶ 整数のなかま分け

2でわり切れる整数を偶数，2でわり切れない整数を奇数といいます。0は偶数とします。

	整数	
偶数		奇数
0 2 4 6 8 …		1 3 5 7 9 …

❷ 倍数・公倍数・最小公倍数

5に整数をかけてできる数を，5の倍数といいます。
15，30，45のように，3と5の共通な倍数を，
3と5の公倍数といいます。
公倍数のうちで，いちばん小さい数を，
最小公倍数といいます。

最小公倍数

3の倍数　　　5の倍数
3 6　　15　　5 10
9 12　　30　　20 25
18 21　　45　　35 40
24 27　　　　50 55
…　　　　　…

公倍数

トライ 4

□1 次の整数を，偶数と奇数に分けましょう。

0　37　44　205　926

奇数（　　　　　）　偶数（　　　　　）

□2 次の整数のうち，6の倍数に○をつけましょう。

4　7　12　38　54　78　92

□3 （ ）の中の数の公倍数を，小さい順に5つ書きましょう。

(1) （4，9）　（　　　　　　）

(2) （5，12）　（　　　　　　）

□4 6，7，8の最小公倍数を書きましょう。

（　　　　　）

ヒント
□1 偶数と奇数を分けるには，一の位の数が偶数か奇数かを見ればよい。

もっとくわしく
□2 6の倍数は，6でわり切れる。

ヒント
□3 倍数で，整数の0倍は考えないものとする。

ヒント
□4 8の倍数の中から7の倍数を見つけ，その中から6の倍数を見つける。

ポイント 約数・公約数 ···

❶ 約数

8をわり切ることのできる整数を,
8の約数といいます。
約数は倍数とちがって, 限られた数
しかありません。

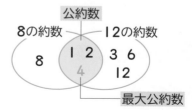

8の約数
1 2 4 8

❷ 公約数・最大公約数

8の約数にも12の約数にもなっている数を,
8と12の公約数といいます。
公約数のうち, いちばん大きい数を
最大公約数といいます。
5と6のように, 公約数が1だけの
場合もあります。

❸ 約数と倍数の関係

8の約数が4であるように, ある約数は,
もとの数がその約数の倍数になっています。

トライ 5

1 次の数の約数をすべて書きましょう。

(1) **26** （　　　　　　　　　　　　　）

(2) **48** （　　　　　　　　　　　　　）

2 （　）の中の数の公約数をすべて書きましょう。

(1) （**9, 39**） （　　　　　　　　　　）

(2) （**16, 72**） （　　　　　　　　　　）

3 15, 30, 45の最大公約数を書きましょう。

（　　　　　　　　　　）

もっとくわしく
① 約数には, かけるともとの
整数になる組み合わせがある。

ヒント
② 公約数は, 2つの数の最大
公約数の約数になる。
8の約数 ：1 2 4 8
12の約数：1 2 3 4 6 12
4の約数 ：1 2 4

ヒント
③ 15の約数の中から30の約
数を見つけ, その中から45の
約数を見つける。

がい数

およその数をがい数というよ。正確な数をかぞえるのが難しかったり，だいたいの数がわかればよかったりするときは，がい数を使うんだ。がい数は，約3000のように，数の前に約をつけて表すよ。

ポイント > **がい数** ···

① **四捨五入**

1つの数を，ある位までのがい数で表すには，そのすぐ下の位の数字が，0，1，2，3，4のときは切り捨てます。5，6，7，8，9のときは切り上げます。この方法を，四捨五入といいます。

> 千の位までのがい数で表す
>
> 64352　　　37821
> ↓百の位で四捨五入　　↓百の位で四捨五入
> 64000　　　38000

② **がい数のはんい**

十の位で四捨五入して400になるはんいを350以上450未満といいます。
以上，未満，以下を使えば，もとの数のはんいを表すことができます。

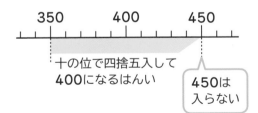

十の位で四捨五入して400になるはんい

450は入らない

> **以上，未満，以下の使い方**
>
> 350以上…350と等しいか，それより大きい
> 450未満…450より小さい（450は入らない）
> 450以下…450と等しいか，それより小さい

トライ 6

1 **78763554を四捨五入して，一万の位までのがい数にしましょう。また，上から2けたのがい数にしましょう。**

(1) 一万の位までの数　（　　　　　　　　　）

(2) 上から2けたの数　（　　　　　　　　　）

2 **四捨五入して，十の位までのがい数にすると，250になる整数のはんいを，以上と以下を使って表しましょう。**

　　　　以上　　　　以下

おさらい →1ページ
1 大きい数は，4けたごとに区切ると数えやすい。

ヒント
1 (2) 上から2けたのがい数にするときは，上から3つ目の位で四捨五入する。

ヒント
2 250になる整数のうち，いちばん小さい数といちばん大きい数を考える。

ポイント ▶ 見積もり ··

❶ 和や差の見積もり

見当をつけることを見積もる
といいます。
和や差を見積もるときには，
がい数にしてから計算します。

> 千の位までのがい数にして，見積もる
>
> 3⁸7650＋2134
>   ↓   ↓
> 38000＋2000＝**40000**

❷ 積や商の見積もり

積や商は，上から1けたの
がい数にして計算すると，
簡単(かんたん)に見積もることが
できます。

> 上から1けたのがい数にして，見積もる
>
> 4⁵582130×232
>   ↓   ↓
> 5000000×200＝**1000000000**

··

トライ 7

1 四捨五入して百の位までのがい数にして，答えを見
積もりましょう。

(1) 738＋586　　　　(2) 1000−391−192

2 四捨五入して上から1けたのがい数にして，積や商
を見積もりましょう。

(1) 322×6624　　　　(2) 5412÷22

3 右の表は，ある遊園地の土
曜日と日曜日の入園者数を表
したものです。2日間の入園
者数は，あわせて約何千人に
なりますか。
　千の位までのがい数にして
求めましょう。

曜日	入園者数（人）
土曜日	3288
日曜日	4967

式

答え（　　　　　　　　）

ヒント
1 百の位までのがい数にする
ときは，十の位で四捨五入す
る。

もっとくわしく
2(1) 終わりに0のあるかけ
算は，まず0を省いて計算し
てから，その積の右に，省い
た数だけ0をつける。

もっとくわしく
2(2) 終わりに0のある数の
わり算は，わられる数とわる
数の0を同じ数ずつ消してか
ら計算できる。

ヒント
3 千の位までのがい数にする
ときは，百の位で四捨五入す
る。

スマホやタブレットで
ササッと
復習しよう！

算数 パズル & クイズ

チャ太郎のコマはどれだ!?

チャ太郎が右のような1～10の数字が書かれたルーレットを
回して，出た数だけ進むことができるすごろくで遊んでいるよ。

4回目が終わったとき，下のようになっていたよ。チャ太郎の
コマは①～③のどれかな？　チャ太郎の言葉を読んで，
コマを見つけよう。

- ・1回目は奇数が出たよ。
- ・1回休みだったから，2回目は回さなかったよ。
- ・3回目は偶数が出たよ。
- ・3回目と4回目は同じ数が出たよ。

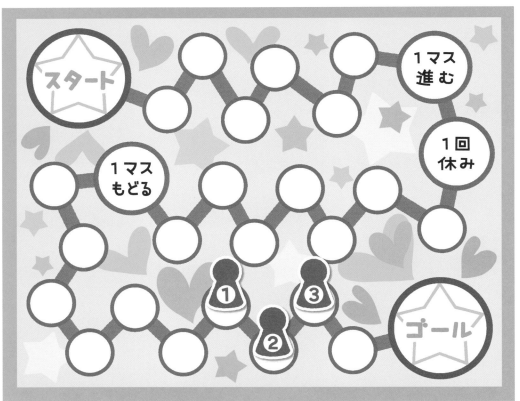

答え　チャ太郎のコマは ☐

DAY 2 計算① 整数の計算

取り組んだ日　月　日

数の計算には，たし算，ひき算，かけ算，わり算があるよ。それぞれの答えを，和，差，積，商というんだ。筆算のしかたをおぼえて，いろいろな計算にチャレンジしてみよう！

ポイント たし算・ひき算

❶ たし算・ひき算の筆算のしかた

たし算とひき算の筆算は，位を縦にそろえて書き，一の位から順に計算します。

543＋483

```
   543
 + 483
 -----
  1026
   ↑↑↑
   ③②①
```

① 一の位の計算は，
3＋3＝6
② 十の位の計算は，
4＋8＝12
百の位に1くり上げる。
③ 百の位は，
くり上げた1と，5と4をたす。
1＋5＋4＝10

835－271

```
    835
 -  271
 -----
    564
    ↑↑↑
    ③②①
```

① 一の位の計算は，
5－1＝4
② 十の位で3から7はひけないので，百の位から1くり下げる。
13－7＝6
③ 百の位は，
1くり下げたので7。
7－2＝5

トライ 1

1 たし算やひき算をしましょう。

(1)
```
   258
 + 136
```

(2)
```
   169
 + 553
```

(3)
```
   814
 +  96
```

(4)
```
   457
 + 743
```

(5)
```
   520
 - 412
```

(6)
```
   625
 - 138
```

(7)
```
   800
 - 635
```

(8)
```
   102
 -  74
```

(9)
```
   1000
 -  263
```

💡ヒント
1 (4) 一の位の計算は
7＋3＝10
十の位に1くり上がって
十の位の計算は
1＋5＋4＝10　になり，
百の位に1くり上がる。

💡ヒント
1 (7)(8) 十の位からくり下げられないので，百の位からくり下げる。

💡ヒント
1 (9) 十の位からも百の位からもくり下げられないので，千の位からくり下げる。

ポイント▶ かけ算

❶ かけ算の筆算のしかた

かけ算の筆算は，位を縦にそろえて書き，一の位から順に，位ごとに計算します。

21×4

$$\begin{array}{r} 2\,1 \\ \times\ \ 4 \\ \hline 8\,4 \end{array}$$

② ①

① 一の位の計算は，
$1×4=4$
② 十の位の計算は，
$2×4=8$

24×12

$$\begin{array}{r} 2\,4 \\ \times1\,2 \\ \hline ②\to \ \ 4\,8 \\ ③\to 2\,4\,0 \\ \hline ④\to 2\,8\,8 \end{array}$$

① かける数の12を10と
2に分けて考える。
② $24×2=48$
③ $24×10=240$
④ たし算をする。
$48+240=288$

❷ かけ算の性質

かけられる数が10倍になると，積も10倍になります。
かけられる数とかける数がそれぞれ10倍になると，積は100倍になります。

$$7 \times 8 = 56$$
↓10倍　　　　↓10倍
$$70 \times 8 = 560$$

$$7 \times 8 = 56$$
↓10倍　↓10倍　↓10×10=100倍
$$70 \times 80 = 5600$$

トライ ②

1 かけ算をしましょう。

(1)
$$\begin{array}{r} 5\,9 \\ \times\ \ 5 \\ \hline \end{array}$$

(2)
$$\begin{array}{r} 1\,7 \\ \times\ \ 8 \\ \hline \end{array}$$

(3)
$$\begin{array}{r} 2\,0\,9 \\ \times\ \ \ \ 8 \\ \hline \end{array}$$

(4)
$$\begin{array}{r} 6\,4 \\ \times2\,7 \\ \hline \end{array}$$

(5)
$$\begin{array}{r} 4\,5 \\ \times8\,3 \\ \hline \end{array}$$

(6)
$$\begin{array}{r} 3\,1\,9 \\ \times\ \ 5\,3 \\ \hline \end{array}$$

2 1本128円のジュースがあります。
60本買うと何円になりますか。

式

答え（　　　　　　　　　）

3 $3×9=27$をもとにして，次のかけ算の積を求めましょう。

(1) $3×18$　　(2) $3×90$　　(3) $30×90$

ヒント
1 くり上がりがあっても，筆算のしかたは同じ。
$$\begin{array}{r} 4\,3 \\ \times\ \ 8 \\ \hline 3\,4\,4 \end{array}$$

もっとくわしく
2 かける数の一の位が0のときは，かけ算を省略することができる。
$$\begin{array}{r} 3\,8 \\ \times2\,0 \\ \hline 0\,0 \\ 7\,6\ \ \\ \hline 7\,6\,0 \end{array}$$ ➡ $$\begin{array}{r} 3\,8 \\ \times2\,0 \\ \hline 7\,6\,0 \end{array}$$

もっとくわしく
3 かけられる数とかける数を入れかえても答えは同じ。
$3×18=18×3$

ヒント
3 (1) 18が9の何倍か考える。

ポイント ▶ **わり算** ·······························

1 わり算の筆算のしかた $76 \div 5$

わり算の筆算は,
大きい位から順に,
たてる・かける・ひく・
おろすをくり返します。

$$
\begin{array}{r}
①1\ 5③ \\
5\overline{)7\ 6} \\
5 \\
\hline
2\ 6 \\
2\ 5 \\
\hline
1
\end{array}
$$

① 7÷5で, 商1を十の位にたてる。
　5に1をかけて5。7から5をひいて2。
② 6をおろす。
③ 26÷5で, 商5を一の位にたてる。
　5に5をかけて25。26から25をひいて1。

2 わり算の性質

わられる数とわる数に同じ数をかけても, 商は変わりません。
わられる数とわる数を同じ数でわっても, 商は変わりません。

$$9 \div 3 = 3 \qquad\qquad 24 \div 6 = 4$$
↓10倍 ↓10倍　　　　　　3でわる↓　　↓3でわる
$$90 \div 30 = 3 \qquad\qquad 8 \div 2 = 4$$

トライ 3

1 わり算をしましょう。

(1) $2\overline{)6\ 3}$

(2) $4\overline{)8\ 3\ 3}$

(3) $6\overline{)1\ 7\ 3}$

(4) $33\overline{)9\ 2}$

(5) $58\overline{)5\ 6\ 9}$

(6) $22\overline{)6\ 5\ 3}$

2 子ども会の**50人**で遠足に行きます。
バスを借りると, **45000円**かかります。
1人分のバス代は何円になりますか。

式

答え（　　　　　　　　　　）

3 わり算の性質を使って, くふうして計算しましょう。

(1) $84 \div 21$　　(2) $800 \div 50$　　(3) $300 \div 25$

ヒント
① あまりは, わる数より小さくなる。

ヒント
①(3) 百の位に商はたたないので, 十の位の数までふくめた17で計算を始める。

ヒント
①(4) 33を30とみて, 商の見当をつけるとよい。

もっとくわしく
① わる数×商＋あまり
＝わられる数

もっとくわしく
② 終わりに0のある数のわり算は, 0を同じ数ずつ消してから計算できる。
$600 \div 20 = 30$
　↓　　↓
$60 \div 2 = 30$

ヒント
③(3) 25×4＝100

DAY
2

計算のきまりとくふう

計算にはいろいろなきまりがあるよ！
きまりを使ってくふうすれば，大きい数の計算や，
難しい計算も簡単にすることができるよ。

ポイント 計算のきまり

1 計算の順序

いろいろな計算の
まじっている式では，
計算の順序は右のとおりです。

・ふつうは，左から順に計算する。
・（　）のある式は，（　）の中を先に計算する。
・×や÷は，＋や－より先に計算する。

2 計算のきまり

計算のきまりには，次のようなものがあります。

分配のきまり	交かんのきまり	結合のきまり
（■＋●）×▲＝■×▲＋●×▲	■＋●＝●＋■	（■＋●）＋▲＝■＋（●＋▲）
（■－●）×▲＝■×▲－●×▲	■×●＝●×■	（■×●）×▲＝■×（●×▲）

トライ 4

1 計算をしましょう。

(1) 100－(70＋20)　(2) (73－8)÷5　(3) 30×2＋48÷8

2 計算のきまりを使って，くふうして計算しましょう。

(1) 48＋29＋52　　(2) 97×7　　　(3) 25×24

3 右の図で，●と○は，全部で何個あり
ますか。
　　1つの式に表して，答えを求めましょう。

　式

　　　　　　　　　答え（　　　　　　　　　　）

ヒント
1 (3) ×，÷を先に計
算する。
30×2＋48÷8

ヒント
2 (2)計算のきまりを
使って，100をつくる。
101×9
＝(100＋1)×9
＝900＋9
＝909

ヒント
3 下のように，図を
縦や横に見て考える。

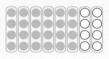

小数の計算

小数は，整数のときと同じように計算することができるよ。小数点の位置に気をつけて，小数のたし算，ひき算，かけ算，わり算にチャレンジしてみよう。

ポイント　小数のたし算・ひき算

❶ 小数のたし算・ひき算の筆算のしかた

小数のたし算やひき算は，位をそろえて，整数の計算と同じように計算します。

1.33＋4.62

```
  1.33
+ 4.62
------
  5.95
```

上の小数点にそろえて，和の小数点をうつ。

7.84－3.51

```
  7.84
- 3.51
------
  4.33
```

上の小数点にそろえて，差の小数点をうつ。

トライ 5

1 たし算やひき算をしましょう。

(1)
```
  0.91
+ 0.38
```

(2)
```
  0.066
+ 0.165
```

(3)
```
      9
+ 5.26
```

(4)
```
   7.05
+ 11.95
```

(5)
```
  24
+  8.73
```

(6)
```
  4.62
- 3.98
```

(7)
```
  2.54
- 1.4
```

(8)
```
  34.7
-  0.92
```

(9)
```
  5
- 0.074
```

2 水がやかんに2.53L，ペットボトルに1.736L入っています。ちがいは何Lですか。

式

答え（　　　　　　　　　　）

ヒント
1(3) あいている位には0があると考える。
```
  6.00
+ 1.54
------
  7.54
```

ヒント
1(4) 筆算の答えが下のようになる場合は，小数点以下の0を消す。
```
  3.28
+ 1.72
------
  5.00
```

おさらい →2ページ
2 どちらが大きいか考えて，大きい数から小さい数をひく。上の位からそれぞれの位の数字を比べるとよい。
2.53
1.736

小数のかけ算 ....

① 小数×整数

小数に整数をかける計算は，
位をそろえないで，
右にそろえて書き，整数のかけ算と
同じように計算します。

2.6×13

```
    2.6
×   1 3
    7 8
  2 6
  3 3.8
```

上の小数点にそろえて，
積の小数点をうつ。

② 小数×小数

小数どうしをかける計算では，
積の小数点は，かけられる数と
かける数の小数点の右に
あるけたの数の和だけ，
右から数えてうちます。

3.12×4.7

```
      3.1 2  →右から ② けた
×       4.7  →右から ① けた
    2 1 8 4
  1 2 4 8
  1 4.6 6 4  ←右から 3 けた
```

トライ ⑥

1 かけ算をしましょう。

(1)
```
  0.8
× 　 7
```

(2)
```
  1 2.5
× 　　 6
```

(3)
```
  6.7
× 2 3
```

(4)
```
  3 6.8
× 　 4 0
```

(5)
```
  4 6
× 2.7
```

(6)
```
  5.5 4
× 　 1.5
```

(7)
```
  9.3
× 0.7
```

(8)
```
  0.4
× 0.6
```

(9)
```
  1.7 5
× 　 0.4
```

ヒント
1 筆算の答えが下のよう
になる場合は，
小数点以下の0を消す。
```
  2.6
×   5
1 3.0
```

ヒント
1 筆算の答えが下のよう
になる場合は，0をつける。
```
  0.6
× 1.2
  1 2
  6
0.7 2
```

2 親の犬の体重は**12.7kg**で，子ども
の犬の体重はその**0.4**倍だそうです。
子どもの犬の体重は何**kg**ですか。

式

答え（　　　　　　　　　）

ヒント
2

ポイント ▷ **小数のわり算** ···

❶ 小数÷整数

小数のわり算は,
商の小数点をうつところ
以外は,整数のわり算と
同じように計算する。

$7.6 ÷ 4$

$$\begin{array}{r} 1.9 \\ 4\overline{)7.6} \\ \underline{4} \\ 3\ 6 \\ \underline{3\ 6} \\ 0 \end{array}$$

> わられる数の小数点に
> そろえて,商の小数点
> をうつ。

❷ 小数÷小数

小数でわる計算では,わる数の
小数点を右に移して整数に
なおし,わられる数の小数点
も同じけたの数だけ右に移し,
計算します。

$4.32 ÷ 1.8$

$$\begin{array}{r} 2.4 \\ 1.8\overline{)4.3.2} \\ \underline{3\ 6} \\ 7\ 2 \\ \underline{7\ 2} \\ 0 \end{array}$$

> 右に移したわられ
> る数の小数点にそ
> ろえて,商の小数
> 点をうつ。

トライ 7

1 わり切れるまで計算しましょう。

(1)
$$3\overline{)2\ 2.5}$$

(2)
$$9.6\overline{)6.7\ 2}$$

(3)
$$0.5\overline{)8}$$

2 商は一の位まで求め,あまりも出しましょう。

(1)
$$1\ 2\overline{)4\ 5.9}$$

(2)
$$1.6\overline{)5.8}$$

(3)
$$8.2\overline{)5\ 2\ 0}$$

3 2.2Lの砂(すな)の重さをはかると,
3.9kgでした。この砂1Lの重さは
約何kgですか。
　四捨五入(ししゃごにゅう)して,上から2けたの
がい数で求めましょう。

式

答え（　　　　　　　　　）

💡**ヒント**

1 (3) わられる数の8を8.0と
考えて,わる数の小数点を移
したけたの数だけ,8.0の小
数点も右に移す。

💡**ヒント**

2 小数のわり算であまりを考
えるとき,あまりの小数点は,
わられる数のもとの小数点に
そろえてうつ。

$$\begin{array}{r} 3 \\ 2.8\overline{)9.7} \\ \underline{8\ 4} \\ 1.3 \end{array}$$

↩**おさらい** →6ページ

3 上から2けたのがい数にす
るには,その1つ下の上から
3つ目の位で四捨五入する。

スマホやタブレットで
> ササッと
> 復習しよう!

正しい薬を調合しよう！

2つの薬を混ぜて，新しい薬を作る実験をしているよ。
混ぜる薬の番号は次のうちどれとどれかな？
チャ太郎の残したメモをもとに，正しい薬を選ぼう！

1　3　5　6　8

薬の選び方

・下の表の★にあてはまる数の番号が書かれた薬を混ぜるよ。
・表には，あるルールにしたがって，1～16の数が1つずつ入るようになっているよ。

★	15	14	4
12		7	9
	10	11	★
13		2	16

それぞれの縦，横，
ななめの数をたして
みよう！

答え　混ぜる薬は □ と □

分数の計算

取り組んだ日　　月　　日

分数も，整数や小数と同じように計算することができるよ。
分母のちがう分数どうしのたし算やひき算，分数どうしのかけ算や
わり算も，分数の性質を使えば，計算することができるんだ。

ポイント ▶ **分数のたし算・ひき算**

① 真分数や仮分数のたし算・ひき算

もとになる大きさの分数が何個分になるかを考えて，
整数と同じように計算します。

$$\frac{4}{7} + \frac{5}{7} = \frac{9}{7}$$

$\frac{1}{7}$ が（4＋5）個

② 帯分数のたし算

帯分数を整数部分と分数部分に分けるか，仮分数になおして計算します。

整数部分と分数部分に分ける

$$1\frac{1}{3} + 4\frac{1}{3} = 1 + \frac{1}{3} + 4 + \frac{1}{3}$$
$$= 5\frac{2}{3}$$

仮分数になおす

$$1\frac{1}{3} + 4\frac{1}{3} = \frac{4}{3} + \frac{13}{3}$$
$$= \frac{17}{3}$$

③ 帯分数のひき算

分数部分をひけないときは，整数部分から
くり下げた1を分数になおして計算するか，
帯分数を仮分数になおして計算します。

$$2\frac{1}{5} - \frac{3}{5} = 1\frac{6}{5} - \frac{3}{5}$$
$$= 1\frac{3}{5}$$

トライ 1

1 たし算やひき算をしましょう。

(1) $\frac{2}{9} + \frac{8}{9}$　　　(2) $\frac{7}{8} + \frac{1}{8}$　　　(3) $3 + 1\frac{1}{6}$

(4) $2\frac{2}{3} + 3\frac{2}{3}$　　　(5) $\frac{1}{4} + 2\frac{3}{4}$　　　(6) $\frac{9}{5} - \frac{3}{5}$

(7) $6\frac{4}{5} - 1\frac{1}{5}$　　　(8) $1\frac{2}{7} - \frac{5}{7}$　　　(9) $3 - 1\frac{3}{8}$

ヒント
1 分母の数をたさないように注意する。

ヒント
1 (9) 3を $2\frac{8}{8}$ と考えて，計算する。

おさらい → 3ページ

1 帯分数を仮分数になおすときは，整数部分がもとになる分数の何個分かを考えればよい。

通分・約分 ∙∙

❶ 大きさの等しい分数

分母と分子に同じ数をかけても，
分母と分子を同じ数でわっても，
分数の大きさは変わりません。

$$\frac{1}{4} = \frac{2}{8} = \frac{3}{12} \qquad \frac{1}{4} = \frac{2}{8} = \frac{3}{12}$$

❷ 通分

分母がちがういくつかの分数を，
それぞれの大きさを変えないで，
共通な分母の分数になおすことを
通分するといいます。

$\boxed{\frac{5}{8}と\frac{1}{6}を通分する}$

$$\frac{5}{8} = \frac{15}{24} \qquad \frac{1}{6} = \frac{4}{24}$$

❸ 約分

分母，分子をそれらの公約数でわって，
分母の小さい分数にすることを，
約分するといいます。

$\boxed{\frac{15}{25}を約分する}$

$$\frac{15}{25} = \frac{3}{5}$$

∙∙

トライ ②

1 □にあてはまる数を書きましょう。

(1) $\frac{1}{3} = \frac{\boxed{}}{6} = \frac{3}{\boxed{}}$

(2) $\frac{52}{78} = \frac{26}{\boxed{}} = \frac{\boxed{}}{3}$

2 （ ）の中の分数を通分しましょう。

$\left(\dfrac{4}{5} , \dfrac{3}{7} \right)$ （　　　　　　　　　）

3 次の分数を通分して大小を比べ，□にあてはまる等号
や不等号を書きましょう。

(1) $\frac{6}{5} \boxed{} \frac{9}{8}$　　(2) $\frac{36}{28} \boxed{} \frac{9}{7}$　　(3) $2\frac{4}{7} \boxed{} 2\frac{3}{4}$

4 次の分数を約分しましょう。

(1) $\frac{24}{27}$ （　　　　　　）　　(2) $1\frac{20}{100}$ （　　　　　　）

💡ヒント
1(1)分母の6が3の2倍
であることから，分子を
求めることができる。

💡ヒント
2 3 分数を通分するとき
は，分母の最小公倍数を
見つけて，それを分母とす
る分数になおす。

🔄おさらい →4ページ
2 3 大きい数の倍数を求
めてから，小さい数の倍
数を求めると，公倍数を
見つけやすい。

💡ヒント
4 分母と分子の公約数を
考える。1以外の公約数
がなくなるまで，わり続
ける。

ポイント ▶ 分母のちがう分数のたし算・ひき算 ·············

① 分母のちがう分数のたし算・ひき算

分母のちがう分数のたし算とひき算は，
通分してから計算します。
答えが約分できるときは，
約分しておきます。

$$\frac{3}{5} + \frac{11}{15} = \frac{9}{15} + \frac{11}{15}$$
$$= \frac{20}{15}$$
$$= \frac{4}{3} \left(1\frac{1}{3}\right)$$

② 帯分数どうしのたし算・ひき算

帯分数を整数と真分数の和と考え，帯分数のまま計算するか，仮分数になおして
計算します。

帯分数のまま計算する

$$3\frac{2}{7} + 1\frac{1}{3} = 3\frac{6}{21} + 1\frac{7}{21}$$
$$= 4\frac{13}{21}$$

仮分数になおす

$$3\frac{2}{7} + 1\frac{1}{3} = \frac{23}{7} + \frac{4}{3}$$
$$= \frac{69}{21} + \frac{28}{21}$$
$$= \frac{97}{21}$$

DAY 3

トライ ③

１ 計算をしましょう。

(1) $\dfrac{1}{3} + \dfrac{1}{4}$

(2) $3\dfrac{3}{4} + 1\dfrac{1}{6}$

(3) $\dfrac{3}{10} + 1\dfrac{5}{6}$

(4) $\dfrac{3}{5} - \dfrac{2}{9}$

(5) $2\dfrac{2}{3} - \dfrac{5}{6}$

(6) $1\dfrac{7}{10} - \dfrac{8}{15}$

２ $\dfrac{13}{12}$ Lの水と $\dfrac{7}{6}$ Lの水があります。

(1) あわせると何Lですか。

式

答え（　　　　　　　　）

(2) ちがいは何Lですか。

式

答え（　　　　　　　　）

🔄 **おさらい →4, 18ページ**
[1][2] 分母の最小公倍数を見つけて通分する。

🔄 **おさらい →5, 18ページ**
[1][2] 答えが約分できるときは，分母と分子の公約数を見つけて約分する。

🔄 **おさらい →17ページ**
[1](5) 分数部分をひけないときは，整数部分からくり下げた1を分数になおして計算するとよい。

💡 **ヒント**
[2](2) 2つの分数の大小を考えてから式を立てる。

ポイント ▶ 分数のかけ算・わり算

❶ 分数のかけ算

分数に整数をかける計算は，分母をそのままにして，分子にその整数をかけます。

分数に分数をかける計算は，分母どうし，分子どうしをかけます。

分数に整数をかける

$$\frac{2}{5} \times 3 = \frac{2 \times 3}{5}$$

$$= \frac{6}{5}$$

分数に分数をかける

$$\frac{1}{2} \times \frac{5}{4} = \frac{1 \times 5}{2 \times 4}$$

$$= \frac{5}{8}$$

❷ 逆数

$\frac{2}{3}$ と $\frac{3}{2}$ のように，2つの数の積が1になるとき，一方の数をもう一方の逆数といいます。

❸ 分数のわり算

分数を整数でわる計算は，分子をそのままにして，分母にその整数をかけます。

分数を分数でわる計算は，わる数の逆数をかけます。

分数を整数でわる

$$\frac{2}{5} \div 3 = \frac{2}{5 \times 3}$$

$$= \frac{2}{15}$$

分数を分数でわる

$$\frac{1}{2} \div \frac{5}{4} = \frac{1 \times \overset{2}{4}}{2 \times 5}$$

$$= \frac{2}{5}$$

トライ ④

1 かけ算をしましょう。

(1) $\frac{7}{6} \times 4$

(2) $\frac{11}{2} \times \frac{4}{9}$

(3) $\frac{25}{12} \times \frac{3}{100}$

2 次の数の逆数を求めましょう。

(1) $\frac{17}{6}$

(2) $\frac{1}{4}$

(3) 0.9

(   )   (   )   (   )

3 わり算をしましょう。

(1) $\frac{9}{7} \div 3$

(2) $\frac{7}{12} \div \frac{49}{6}$

(3) $\frac{9}{10} \div 1\frac{3}{4}$

💡 ヒント

1 計算のとちゅうで約分できるときは，約分してから計算する。

💡 ヒント

2 (3) 分母が10の分数で表して考える。

$$0.1 = \frac{1}{10}$$

↩ おさらい → 3ページ

3 (3) 整数部分の1がもとになる $\frac{1}{4}$ の何個分かを考えて，帯分数を仮分数になおす。

いろいろな数のまじった計算

整数や小数は，分数になおすことができたね。いろいろな数がまじった計算も，小数を分数で表したり，分数を小数で表したりして数をそろえると，計算することができるよ。

ポイント ▶ **計算のきまり**

1 計算のきまりと小数，分数

整数のときに成り立った計算のきまりは，小数や分数のときにも成り立ちます。

小数 ┈ 分配のきまり

$$0.74 \times 2 + 0.26 \times 2 = (0.74 + 0.26) \times 2$$
$$= 1 \times 2$$
$$= 2$$

分数 ┈ 交かんのきまり

$$\frac{3}{4} \times \frac{6}{7} \times \frac{4}{3} = \frac{3}{4} \times \frac{4}{3} \times \frac{6}{7}$$
$$= \frac{6}{7}$$

2 分数と小数のまじったたし算・ひき算

分数と小数のまじった計算は，
どちらかにそろえて計算します。
分数を小数で表せないときは，
分数にそろえて計算します。

$$\frac{5}{8} + 0.4 = \frac{5}{8} + \frac{4}{10}$$
$$= \frac{25}{40} + \frac{16}{40}$$
$$= \frac{41}{40} \left(1\frac{1}{40} \right)$$

トライ 5

[1] 計算のきまりを使って，くふうして計算しましょう。

(1) $5 \times 3.9 \times 0.2$　　(2) $\left(\frac{5}{4} + \frac{3}{2} \right) \times 16$　　(3) $\frac{7}{6} \times 5 + \frac{7}{6} \times 7$

[2] 計算をしましょう。

(1) $\frac{9}{10} - 0.85$　　(2) $0.6 - \frac{1}{6}$　　(3) $\frac{7}{9} - 0.75$

おさらい →12ページ

[1] 分配のきまり
交かんのきまり
結合のきまり
の3つのきまりを使う。

おさらい → 3ページ

[2] 小数は，分母が10，100などの分数で表すことができる。

$$0.7 = \frac{7}{10}$$
$$0.61 = \frac{61}{100}$$

❶ 分数のかけ算とわり算のまじった式

分数のかけ算とわり算のまじった式は，
わる数を逆数に変えると，かけ算だけの式に
なおすことができます。

$$\frac{3}{4} \times \frac{2}{5} \div \frac{3}{8} = \frac{3}{4} \times \frac{2}{5} \times \frac{8}{3}$$

$$= \frac{3 \times 2 \times 8}{4 \times 5 \times 3}$$

$$= \frac{4}{5}$$

❷ 小数，分数，整数のまじったかけ算・わり算

小数，分数，整数のまじったかけ算や
わり算は，小数や整数を分数で表すと
簡単に計算できます。

$$\frac{2}{5} \div 0.6 \times 2 = \frac{2}{5} \div \frac{6}{10} \times 2$$

$$= \frac{2 \times 10 \times 2}{5 \times 6}$$

$$= \frac{4}{3} \left(1\frac{1}{3}\right)$$

トライ 6

⓵ 計算をしましょう。

(1) $\dfrac{1}{8} \div \dfrac{7}{6} \times \dfrac{2}{3}$

(2) $\dfrac{2}{5} \div \dfrac{1}{3} \div \dfrac{6}{5}$

(3) $0.2 \div \dfrac{3}{4} \times 6$

(4) $\dfrac{9}{10} \div 6 \div 4.5$

(5) $0.6 \times 1\dfrac{1}{4} \div \dfrac{2}{5}$

(6) $0.45 \div \dfrac{5}{2} \times \dfrac{1}{9}$

(7) $0.27 \times 3 \div 5.4$

(8) $4.8 \div 0.06 \div 8$

📖 **おさらい →3ページ**

⓵ 小数は，分母が10, 100な
どの分数で表すことができる。

💡 **ヒント**

⓵(4) 整数は，分母が1の分数
として考えて，逆数になおす。

$$5 = \frac{5}{1}$$

$$\frac{5}{1} \diagtimes \frac{1}{5}$$

💡 **ヒント**

⓵ 分子を分母でわれば，分数
を小数で表すことができるが，
わり切れない場合があるので，
小数や整数を分数になおすと
よい。

$$\frac{1}{3} = 1 \div 3 = 0.33333\cdots$$

文字と式

いろいろと変わる数や，わからない数を x や y などで表すと，
簡単に式を立てることができるんだ。自分の考えをわかりや
すく表したいときに，文字を使った式を使うと便利だよ。

ポイント▶　文字と式 ·······································

① 数量を表す式

いろいろと変わる数のかわりに，x や y などの
文字を使うと，いくつかの式を１つの式に
まとめて表すことができます。

１個120円のりんご x 個の代金
$120 \times x$（円）

② 数量の関係を表す式

わからない数量を，x や y などの文字を
使って表せば，数量の関係を式に
表すことができます。
右の式では，x が３のとき，
y は21になります。
x にあてはめた数を x の値，そのときの
y にあたる数を y の値といいます。

縦が x cm，横が７cmの長方形の
面積が y cm²

$x \times 7 = y$
x の値が３のとき，
$3 \times 7 = 21$ だから
$y = 21$

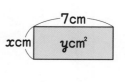
7cm
x cm　y cm²

トライ 7

1 40cmのひもで，縦の長さが
x cmの長方形を作ります。
横の長さを式に表しましょう。

（　　　　　　　）

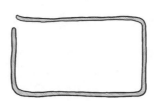

2 底辺が x cm，高さが９cmの平行四辺形があります。
面積は y cm²です。

(1) x と y の関係を式に
表しましょう。　　　　　（　　　　　　　）

(2) x の値が８のとき，
y の値を求めましょう。　（　　　　　　　）

ヒント
1 横の長さ＝20−縦の長さ

ヒント
2(1) 平行四辺形の面積は，
底辺×高さで求めることがで
きる。

ヒント
2(2) (1)で表した式の x に８を
あてはめる。

スマホやタブレットで
ササッと
復習しよう！

算数 パズル & クイズ

ひみつのパスワード

かぎのかかった金庫があるよ。★に，あてはまる２けたの数字を入力すると，金庫が開くよ。

ヒントをもとに，★に入る数字を見つけ，金庫のロックを解除しよう！

	5	
3	★	6
	5	

1	2	3
4	5	6
7	8	9
	0	

ヒント 数字は，あるきまりにしたがって書かれているよ。

	2	
4	18	2
	5	

	3	
4	25	4
	3	

	3	
6	48	7
	2	

答え ★に入る数字は ☐

答えは別冊 6 ページ

角の大きさ

> 1つの頂点から出ている2つの辺がつくる形を，角というよ。
> 角をつくっている辺の開きぐあいを角の大きさといって，分度器を
> 使えば，角の大きさをはかることができるんだ。

ポイント　角の大きさ

1 角の大きさ

直角を90等分した1個分の
角の大きさを1度といい，1°と書きます。
度（°）は，角の大きさを表す単位です。
角の大きさのことを角度といいます。

あの角度は50°

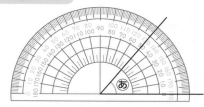

2 180°をこえる角

180°より大きい角度は，180°と
あと何度かを考えたり，360°から
180°より小さい角度をひいたりすれば，
はかることができます。

いの角度は230°

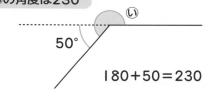

180＋50＝230

トライ 1

1 あ，いの角度は，それぞれ何度ですか。

(1)

（　　　　　）

(2)

（　　　　　）

2 辺アイの点アを頂点とした，210°の角をかきましょう。

ア＿＿＿＿＿＿＿＿＿＿＿イ

3 1組の三角定規を組み合わせて
できる，うの角度は何度ですか。

（　　　　　）

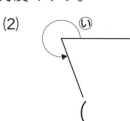

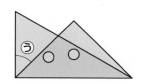

> **ヒント**
> 1(1)辺の長さが短いとき
> は，辺をのばしてから分度
> 器ではかる。

> **ヒント**
> 2 分度器の中心を点アに
> 合わせ，0°の線を辺アイ
> に合わせる。

> **ヒント**
> 3 三角定規の角の大きさ。

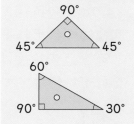

90°

45°　　45°

60°

90°　　30°

25

平面図形の性質

辺の長さや角の大きさ，辺の位置関係などによって，
平面図形はいろいろななかまに分けられるよ。
それぞれの平面図形には，どんな特徴があるのかな。

ポイント　垂直，平行 ･･････････････････････････････････

1 垂直

2本の直線が交わってできる角が直角のとき，
この2本の直線は，垂直であるといいます。

2 平行

1本の直線に垂直な2本の直線は，
平行であるといいます。
平行な直線は，どこまでのばしても交わりません。

平行な直線の性質
平行な直線は，ほかの直線と等しい角度で交わる。 平行な直線のはばは，どこも等しくなっている。

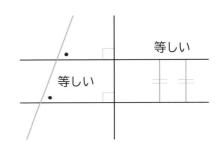

トライ 2

1 下の図で，点**A**を通って⑦の直線に垂直な直線，点**B**を
通って⑦の直線に平行な直線をかきましょう。

(1)　　　　　　　　　　•A　　　　(2)

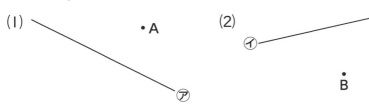

2 ⑦と⑦の直線，⑦と⑦の
直線はそれぞれ平行です。
　あ～うの角度は，
それぞれ何度ですか。

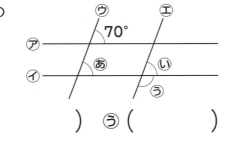

あ（　　　　　） い（　　　　　） う（　　　　　）

:::ヒント
1(2) 三角定規を2枚使っ
て，平行な直線をひく。
:::

:::ヒント
2 平行な直線は，ほかの
直線と等しい角度で交わ
る。
:::

:::ヒント
2 いの角度＋うの角度
＝180°
:::

ポイント いろいろな三角形 ‥‥‥‥‥‥‥‥‥‥‥‥‥‥‥‥‥‥‥‥‥‥‥‥‥‥‥‥‥

❶ 二等辺三角形と正三角形

2つの辺の長さが等しい三角形を
二等辺三角形といいます。
3つの辺の長さがみんな等しい
三角形を正三角形といいます。

❷ 二等辺三角形と正三角形の角

二等辺三角形では，2つの角の
大きさが等しくなっています。
正三角形では，3つの角の大きさが
すべて等しくなっています。

❸ 三角形の角

三角形の3つの角の大きさの和は，
180°になります。

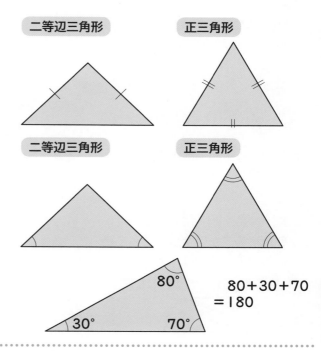

80+30+70
=180

DAY
4

トライ ❸

① 次の⑦～⑦から，二等辺三角形と正三角形を選びましょう。

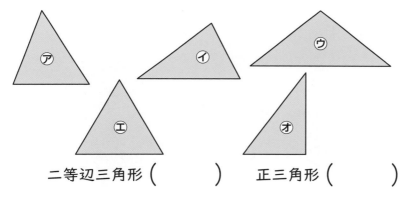

二等辺三角形 (   )   正三角形 (   )

② あ，いの角度は何度ですか。計算で求めましょう。

(1)

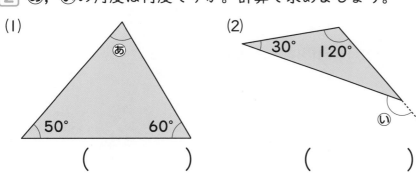

(   )

(2)

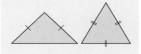

(   )

ヒント
① 2つの辺の長さが等しい三角形と，3つの辺の長さが等しい三角形を見つける。

ヒント
②(1)あ+50+60
=180

ヒント
②(2)まず，三角形のうの角の大きさを求める。

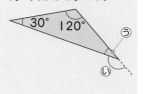

27

ポイント > いろいろな四角形 ....

① いろいろな四角形

平行な直線の組の数や，辺の長さによって，四角形はいろいろななかまに分けられます。

台形

向かい合った１組の辺が平行。

平行四辺形

向かい合った２組の辺が平行。
向かい合った辺の長さや，向かい合った角の大きさが等しい。

ひし形

辺の長さがすべて等しい。
向かい合った辺が平行。
向かい合った角の大きさが等しい。

② 対角線と四角形の特徴

四角形の向かい合った頂点を結んだ直線を対角線といいます。
四角形の対角線は，それぞれ下の図のような性質があります。

平行四辺形

２本の対角線は，それぞれの真ん中で交わる。

ひし形

２本の対角線は垂直で，それぞれの真ん中で交わる。

長方形

２本の対角線は長さが等しく，それぞれの真ん中で交わる。

正方形

２本の対角線は長さが等しく，垂直で，それぞれの真ん中で交わる。

③ 四角形の角

四角形の４つの角の大きさの和は，360°になります。

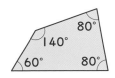

140+60+80+80
=360

....

トライ 4

① 次の四角形㋐～㋔について，問題に答えましょう。

台形　　平行四辺形　　ひし形　　長方形　　正方形

(1) 辺の長さがすべて等しい四角形は，どれとどれですか。

(　　　　　) と (　　　　　)

(2) ２本の対角線の長さが等しい四角形は，どれとどれですか。

(　　　　　) と (　　　　　)

② ⓐの角度は何度ですか。
計算で求めましょう。

(　　　　　)

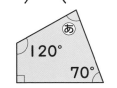

ヒント
① 長方形は，４つの角がどれも直角になっていて，向かい合う辺の長さが等しい。

正方形は，４つの角がどれも直角になっていて，４つの辺の長さがどれも等しい。

ヒント
② ⓐ+120+90+70
=360

28

ポイント ▷ **正多角形の性質** ....

① **多角形**

三角形，四角形，五角形，六角形などのように，直線で囲まれた図形を，多角形といいます。
多角形の角の大きさの和は，次のようになっています。

図形	三角形	四角形	五角形	六角形	七角形	八角形
角の大きさの和	180°	360°	540°	720°	900°	1080°

② **正多角形**

辺の長さがすべて等しく，角の大きさもすべて等しい多角形のことを正多角形といいます。

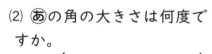

正三角形　　正四角形（正方形）　　正五角形　　正六角形　　正七角形　　正八角形

円の中心のまわりの角を等分して，
半径をかき，円と交わった点を頂点とすると，
正多角形をかくことができます。

トライ 5

1 右の正多角形について，問題に答えましょう。

(1) 右の正多角形の名前を書きましょう。

（　　　　　　　　）

(2) あの角の大きさは何度ですか。

（　　　　　　　　）

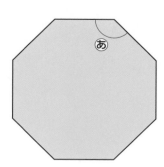

2 円の中心のまわりの角を等分する方法で，正五角形をかきましょう。

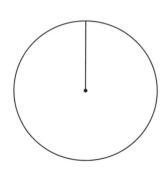

> 💡 **ヒント**
> 1 (1) 何本の直線で囲まれた図形かを考える。

> 💡 **ヒント**
> 1 (2) 正多角形の角の大きさはすべて等しい。

> 🔄 **おさらい** →11ページ
> 1 (2) 同じ数ずつ分けるときは，わり算を使う。

> 💡 **ヒント**
> 2 360°を何等分するか考える。

DAY 4

ポイント▶ 円と円周の長さ

❶ 円

円の真ん中の点を，円の中心，中心から
まわりまでひいた直線を，半径といいます。
中心を通るように円のまわりからまわりまで
ひいた直線を，直径といいます。

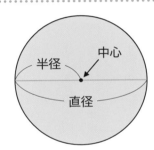

❷ 円周

円のまわりを円周といいます。
円周の長さが，直径の長さの何倍に
なっているかを表す数を，円周率と
いいます。
円周率は約3.14です。
直径が2倍，3倍，…になると，それに
ともなって，円周も2倍，3倍，…に
なります。

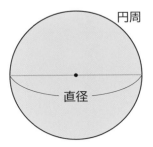

円周率＝円周÷直径
円周＝直径×円周率

トライ❻

1 右の円について，問題に
答えましょう。

(1) 直径は何cmですか。

(　　　　　　　　)

(2) 円周の長さは何cmですか。

(　　　　　　　　)

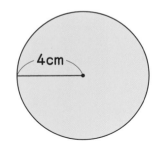

ヒント
1(1) 直径は，半径の2倍。

ヒント
1(2) 円周の長さは，
直径×円周率で求められる。

2 右の図のまわりの長さを
求めましょう。

(　　　　　　　　)

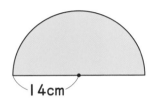

ヒント
2 円周の長さの半分と直径の
長さの和を求めればよい。

3 直径18cmの円の円周の長さは，直径3cmの円の
円周の長さの何倍ですか。

(　　　　　　　　　　)

ヒント
3 直径が2倍になると，円周
の長さも2倍になる。

30

① 合同な図形

ぴったり重ね合わせることのできる２つの図形は，
合同であるといいます。
合同な図形は，形も大きさも同じです。
合同な図形では，対応する辺の長さや，
対応する角の大きさが等しくなっています。

> うら返して
> 重なるものも
> 合同。

② 合同な三角形のかき方

辺の長さや角の大きさのうち３つを使うと３つの頂点の位置を決めることができ，
合同な三角形をかくことができます。

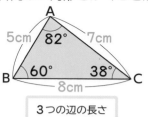

> ３つの辺の長さ

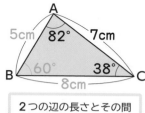

> ２つの辺の長さとその間
> の角の大きさ

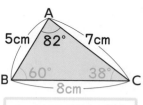

> １つの辺の長さとその両
> はしの２つの角の大きさ

DAY
4

トライ 7

① 下の２つの四角形は合同です。

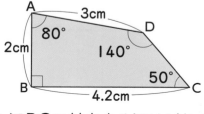
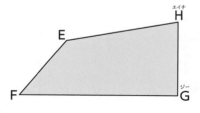

⑴ 辺BCに対応する辺はどれですか。　　（　　　　　　）

⑵ 角Aに対応する角はどれですか。　　（　　　　　　）

⑶ 辺EHの長さは何cmですか。　　　　（　　　　　　）

⑷ 角Fの大きさは何度ですか。　　　　　（　　　　　　）

② 下の図のような三角形をかきましょう。

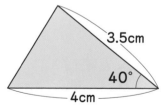

ヒント
① ⑶ 辺EHに対応する辺
を見つける。

ヒント
① ⑷ 角Fに対応する角を
見つける。

おさらい →25ページ

② まず４cmの辺をかき，
分度器の中心を点アに合
わせ，0°の線を４cmの辺
に合わせ，角をかく。

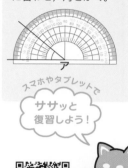

スマホやタブレットで
> ササッと
> 復習しよう！

算数 パズル & クイズ

かべをぬり分けよう!

下のルールにしたがって家のかべをぬりかえたよ。
★の部分に入る色は㋐, ㋑, ㋒のどれかな?

ルール 1 使う色は ㋐ , ㋑ , ㋒ の3つ。
2 となり合う部分を同じ色でぬることはできない。

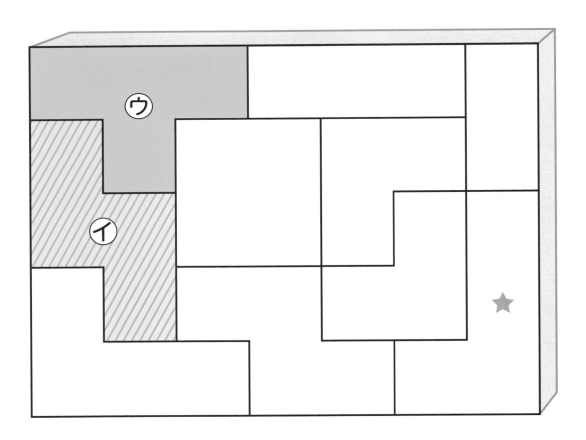

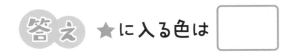

答え ★に入る色は [　　]

答えは別冊 7ページ

対称な図形

図形の中には，1本の直線を折り目にして二つ折りにするとぴったり
重なる図形や，1回転させるとぴったり重なる図形があるよ。
こうした対称な図形には，どんな性質があるのかな。

ポイント　線対称

1 線対称

1本の直線を折り目にして二つ折りしたとき，
両側の部分がぴったり重なる図形を，線対称な
図形といい，折り目にした直線を対称の軸と
いいます。

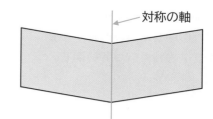

←対称の軸

2 線対称な図形の性質

対応する2つの点を結ぶ直線は，対称の軸と
垂直に交わります。
その交わる点から，対応する2つの点までの
長さは等しくなっています。

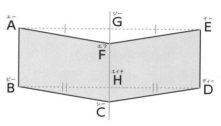

AG＝EG　BH＝DH

DAY
5

トライ 1

1 下の図を見て，問題に答えましょう。

 ㋐　 ㋑　 ㋒　 ㋓

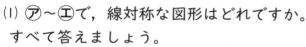

(1) ㋐〜㋓で，線対称な図形はどれですか。
　すべて答えましょう。

（　　　　　　　　　　）

(2) 線対称な図形には，対称の軸をかきましょう。

💡 **ヒント**
1(1) 線対称な図形では，
対応する辺の長さや，角
の大きさが等しい。

💡 **ヒント**
1(2) 対称の軸で分けた
2つの図形は合同になっ
ている。

🔄 **おさらい** →31ページ
1(2) ぴったり重ね合わ
せることのできる2つの
図形は，合同であるとい
う。

ポイント　点対称・多角形と対称

❶ 点対称

ある点を中心にして180°回転させたとき,
もとの図形にぴったり重なる図形を,
点対称な図形といい, その中心にした点を,
対称の中心といいます。

対称の中心

❷ 点対称な図形の性質

対応する2つの点を結ぶ直線は,
対称の中心を通ります。
対称の中心から, 対応する2つの点までの
長さは等しくなっています。

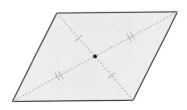

❸ 多角形と対称

正多角形は, どれも線対称な
図形です。

また, 頂点の数が偶数の
正多角形は, 点対称な図形です。

正三角形　正方形　正五角形　正六角形　正七角形

正方形　正六角形　正八角形

トライ 2

[1] 右の点O̅が対称の中心に
なるように, 点対称な図形
をかきましょう。

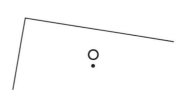

ヒント
[1] 点対称な図形では, 対応す
る2つの点を結ぶ直線は, 対
称の中心を通る。

[2] 右の図は正六角形です。

(1) 正六角形は, 線対称な図形
です。対称の軸は何本ありま
すか。

(　　　　　　)

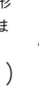 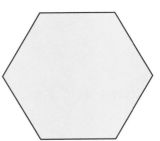

ヒント
[2] (1) 正多角形の対称の軸は,
頂点の数と同じになる。

①②③④⑤

(2) 正六角形は, 点対称な図形
です。右の図に, 対称の中心
をかきましょう。

もっとくわしく
[2] (2) 点対称な図形では, 対
応する辺の長さや, 角の大き
さが等しい。

34

拡大図と縮図

もとの図を，形を変えないで大きくした図を拡大図，小さくした図を縮図というよ。拡大図や縮図では，対応する角の大きさはそれぞれ等しく，対応する辺の長さの比がどれも等しくなっているよ。

ポイント　拡大図と縮図

① 拡大図と縮図

ある図形を，その形を変えないで大きくした図形を，拡大図といい，
形を変えないで小さくした図形を，縮図といいます。

$\frac{1}{2}$ の縮図　　　もとの図形　　　2倍の拡大図

縮小　←　2cm　拡大　→　4cm

1cm

トライ 3

① 下の図で，㋐の三角形の拡大図，縮図になっているのはどれですか。㋑〜㋕から選びましょう。

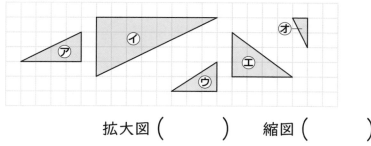

拡大図（　　　）　　縮図（　　　）

② 下のような三角形の $\frac{1}{2}$ の縮図をかきましょう。

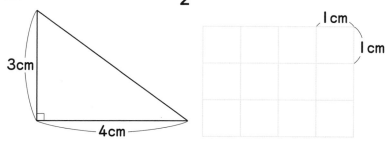

3cm

4cm

1cm

1cm

ヒント

① 形が同じ2つの図形では，対応する直線の長さの比がすべて等しく，対応する角の大きさはそれぞれ等しい。

AB：DE＝1：2
BC：EF＝1：2
CA：FD＝1：2

ヒント

② 辺の長さはもとの図形の $\frac{1}{2}$ に，角の大きさは等しくなるようにかく。

おさらい →31ページ

② 辺の長さや角の大きさのうち3つを使うと，合同な三角形をかくことができる。

ポイント▷ 縮図の利用

① 縮尺

実際の長さを縮めた割合のことを
縮尺といいます。

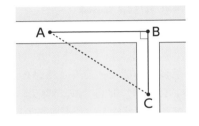

縮尺の表し方

⑦ $\dfrac{1}{10000}$ ⑦ 1:10000   ⑦ 0 100 200m

縮尺を使うと，直接はかれない長さも縮図を使って求めることができます。

トライ 4

1 右の図は，学校周辺の縮図
です。ABの実際の長さ600m
を3cmに縮めて表しています。

(1) 何分の1の縮図になってい
ますか。
(　　　　　　)

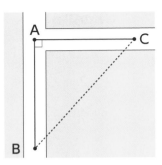

(2) BからCまでの実際のきょりは何mですか。BCの長
さをはかって求めましょう。　(　　　　　　)

2 下の図は，ゆみさんが木から4mはなれたところに
立って，木のいちばん上のAを見上げているようすを
表したものです。

　木の実際の高さは何mですか。直角三角形ABCの
$\dfrac{1}{200}$ の縮図をかいて求めましょう。

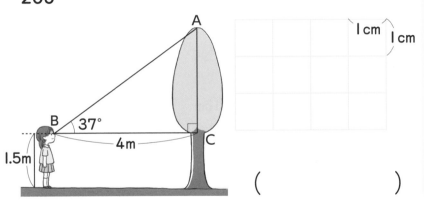

(　　　　　　)

ヒント
1 (1) 縮尺は，縮図上の長さ
を実際のきょりでわれば求め
られる。

ヒント
1 (2) BCの実際のきょりは，
(1)で求めた縮尺を使って求め
る。

ヒント
2 BC＝4m
$\dfrac{1}{200}$ の縮図だから，
4m＝400cm
$400 \times \dfrac{1}{200} = 2$ (cm)

ヒント
2 木の高さは，ACの長さに
ゆみさんの目の高さをたせば
求められる。

立体図形の性質

直方体や立方体，球などの形を，立体というよ。立体の形や面，辺，頂点などに着目すると，立体をいくつかのなかまに分けることができるんだ。

ポイント ▷ **球，直方体と立方体** ················

1 球

どこから見ても円に見える形を球といいます。
球を半分に切ったとき，その切り口の
円の中心，半径，直径を
球の中心，半径，直径といいます。

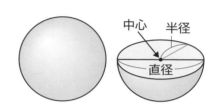

2 直方体と立方体

長方形だけで囲まれた形や，長方形と
正方形で囲まれた形を直方体といいます。
正方形だけで囲まれた形を立方体といいます。

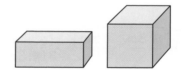

トライ 5

① 右の図のように，同じ大きさ
のボールがぴったり6個入って
いる箱があります。
　ボールの半径の長さは何cm
ですか。　(　　　　　　　)

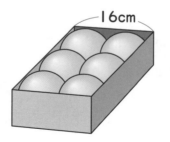

② 右の直方体について，問題に答えましょう。

(1) 辺の数は何本ありますか。

(　　　　　　　)

(2) 形も大きさも同じ面は，それぞれ
いくつずつ何組ありますか。

(　　　　) ずつ (　　　　)

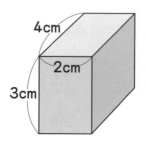

ヒント
①箱の横の長さが16cmで，ボールが横に2個入っていることから，まずボールの直径を求める。

おさらい →30ページ
①半径の2倍が直径である。

ヒント
②(2) 直方体では，向かい合った面の形や大きさは同じになる。

面や辺の垂直，平行・位置の表し方 ‥‥‥‥‥‥‥‥

❶ 直方体と立方体の面の垂直，平行

垂直な面　あに垂直な面は4つ

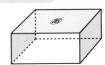 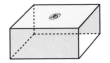

平行な面　あに平行な面は1つ

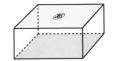

❷ 直方体と立方体の辺の垂直，平行

辺ADに垂直な辺

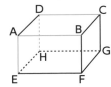

辺AB，辺AE，
辺DC，辺DH

辺ADに平行な辺

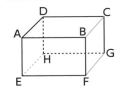

辺BC，辺EH，
辺FG

❸ 位置の表し方

平面にある点の位置

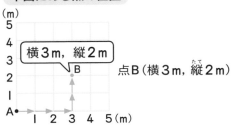

横3m，縦2m

点B（横3m，縦2m）

空間にある点の位置

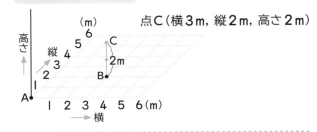

点C（横3m，縦2m，高さ2m）

‥‥‥‥‥‥‥‥‥‥‥‥‥‥‥‥‥‥‥‥‥‥‥‥‥‥‥

トライ ⑥

1 右の直方体について，問題に答えましょう。

(1) あに平行な面はどれですか。

（　　　　　　　　　　）

(2) 頂点Bを通る，辺ABに垂直な
辺はどれですか。すべて答えま
しょう。（　　　　　　　　　）

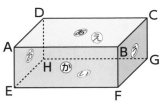

2 点Aをもとにして，次の点の
位置を表しましょう。

(1) 点B（横　　　m，縦　　　m）

(2) 点C（横　　　m，縦　　　m）

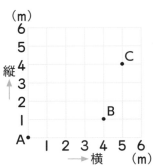

ヒント
1 (1) 直方体や立方体の
向かい合った面は平行で
ある。

おさらい →26ページ
1 (2) 2本の直線が交わっ
てできる角が直角のとき，
その2本の直線は垂直で
ある。

ヒント
2 横に何m，縦に何m進
むとよいか考える。

ポイント ▶ 角柱と円柱

① 角柱と円柱

左のような立体を角柱，右の
ような立体を円柱といいます。
角柱や円柱の上下の面を底面，
横の面を側面といいます。

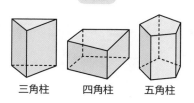

角柱

三角柱　　四角柱　　五角柱

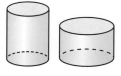

円柱

② 見取図と展開図

立体の全体の形がわかるようにかいた図を見取図といいます。
立体を辺にそって切り開いて，平面の上に広げた図を，展開図といいます。

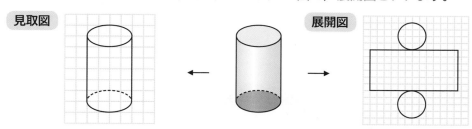

見取図　　　　　　　　　　　　　　　　　　　　展開図

トライ 7

① 右の角柱について，問題に答えましょう。

(1) この角柱は，何という角柱ですか。

(　　　　　　　　　)

(2) 側面の数はいくつですか。

(　　　　　　　　　)

2cm

2cm　2cm　2cm

(3) この角柱の見取図と展開図をかきましょう。

見取図　　　　　展開図

| cm

| cm

スマホやタブレットで
**ササッと
復習しよう！**

👣ヒント
①(1) 角柱の底面の形に注目する。

👣ヒント
①(3) 面の形やつながり方，辺の長さに気をつけて作図する。

👣ヒント
①(3) 三角柱の底面の形は三角形，側面の形は長方形（正方形）になる。

どこからとった写真かな？

チャ太郎から，右のような写真が送られてきたよ。
この写真は，下の絵のどこからとられた写真かな？
㋐〜㋓から選ぼう！

答え　写真がとられたのは　□　の場所

答えは別冊 8 ページ

平面図形の面積

広さのことを面積というんだ。1辺が1cmの正方形を1cm²，
1辺が1mの正方形を1m²のように表すよ。面積の公式にあて
はめれば，いろいろな形の図形の面積を求めることができるよ。

ポイント▷ 四角形の面積

1 長方形と正方形の面積

長方形や正方形の面積は，次の公式で求められます。

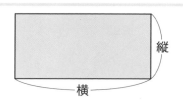

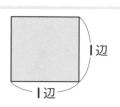

トライ1

1 次の図形の面積を求めましょう。

(1)
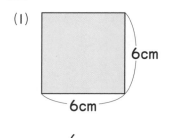

(　　　　　　)

(2)

(　　　　　　)

(3)

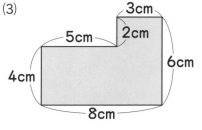

(　　　　　　)

(4)
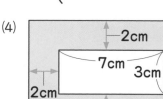

(　　　　　　)

DAY
6

ヒント
1 (1) 正方形の面積の公式
にあてはめて計算する。

ヒント
1 (2) 長方形の面積の公式
にあてはめて計算する。

ヒント
1 (3) 2つの長方形に分け
て考える。

ヒント
1 (4) 全体の面積から，中
の長方形の面積をひく。

ポイント いろいろな四角形や三角形の面積

❶ いろいろな四角形の面積

面積の公式を使えば，いろいろな四角形の面積を求められます。

平行四辺形の面積 ＝底辺×高さ	台形の面積 ＝（上底＋下底）×高さ÷2	ひし形の面積 ＝一方の対角線×もう一方の対角線÷2

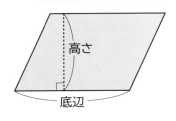
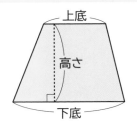
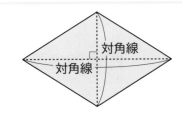

❷ 三角形の面積

三角形の面積は，次の公式で求められます。

三角形の面積
＝底辺×高さ÷2

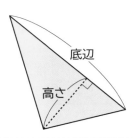

トライ 2

1 次の図形の面積を求めましょう。

(1)

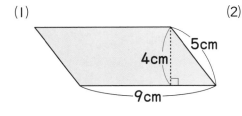
4cm　5cm　9cm

(2)

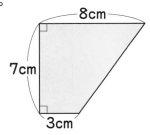
8cm　7cm　3cm

( )　　( )

(3)

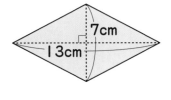
7cm　13cm

(4)

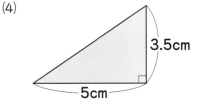
3.5cm　5cm

( )　　( )

ヒント
1 (1) どの部分が底辺と高さにあたるか考える。

もっとくわしく
1 (2) 2つの図形に分けて考えてもよい。

ヒント
1 (4) 底辺が決まると，高さが決まる。

もっとくわしく
1 (4) 三角形の面積は，長方形や正方形の半分と考えることができる。

42

円の面積の求め方 ·····································

1 円の面積

円の面積は，右の公式で
求められます。

円の面積＝半径×半径×円周率

半径

2 面積の求め方のくふう

複雑な図形の面積も，さしひいたり組み合わせたりして考えると，
面積の公式を使って求めることができます。

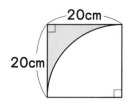
20cm
20cm

−

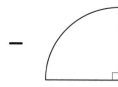

=

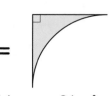

20×20＝400   20×20×3.14÷4＝314   86cm²

トライ **3**

1 次の図形の色をぬった部分の面積を求めましょう。

(1)
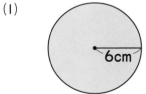
6cm

(2)
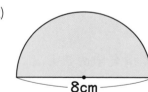
8cm

(   )   (   )

(3)
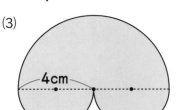
4cm

(   )

(4)
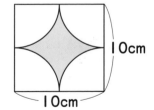
10cm
10cm

(   )

🔄 **おさらい →30ページ**
1 円周率は3.14。

🔄 **おさらい →30ページ**
1 (2) 半径は直径の半分の長さ。

💡 **ヒント**
1 (2) 円の面積の何分の1の大きさになっているかを考える。

💡 **ヒント**
1 (3) 半径4cmの円の半分と直径4cmの円の面積を組み合わせる。

💡 **ヒント**
1 (4) 白い部分の面積を求めて，正方形の面積からさしひく。

DAY
6

43

立体の体積

もののかさのことを体積というよ。1辺が1cmの立方体を1cm³，
1辺が1mの立方体を1m³のように表すよ。複雑な形の立体も
底面積(ていめんせき)と高さがわかれば，体積を求めることができるんだ。

ポイント▷ 立方体と直方体の体積・容積

❶ 立方体と直方体の体積

直方体と立方体の体積は，
右の公式で求められます。

直方体の体積 ＝縦×横×高さ	立方体の体積 ＝1辺×1辺×1辺

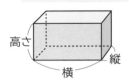

❷ 容積

入れ物の内側の長さを，内のりといいます。
入れ物の中に入る水などの体積を，その入れ物の容積といいます。

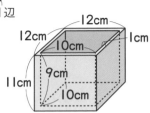

トライ 4

[1] 次の直方体や立方体の体積を求めましょう。

(1)
3cm
6cm
4cm

(2)
4m
4m
4m

(　　　　　　　　　)　　　(　　　　　　　　　)

(3)
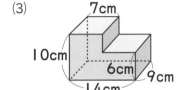
7cm
10cm
6cm
9cm
14cm

(　　　　　　　　　)

[2] 右の水そうの容積は何cm³
ですか。

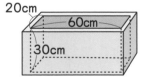
20cm
60cm
30cm

(　　　　　　　　　)

💡ヒント
[1](2) 長さの単位がmのと
き，体積の単位はm³にな
る。

💡ヒント
[1](3) 2つの直方体に分け
て考えるか，つぎたして
大きい直方体とみて，つ
ぎたした直方体をひく。

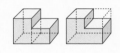

💡ヒント
[2]容積は，内のりの縦，
横，高さの積。

ポイント ▷ 角柱と円柱の体積 ··

❶ 角柱の体積

角柱や円柱の１つの底面の面積を
底面積といいます。
角柱の体積は，右の公式で
求められます。

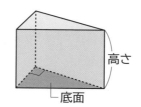
高さ
底面

角柱の体積＝底面積×高さ

❷ 円柱の体積

円柱の体積は，
右の公式で求められます。

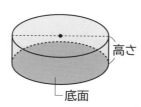
高さ
底面

円柱の体積＝底面積×高さ

トライ 5

1 次の立体の体積を求めましょう。

(1)

4cm
6cm
9cm

(　　　　　　　　　）

(2)

10m
5m

(　　　　　　　　　）

(3)

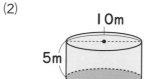
3cm
7cm

(　　　　　　　　　）

(4)

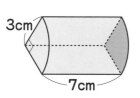
5cm
6cm
4cm
4cm
3cm
9cm

(　　　　　　　　　）

🔄 おさらい →42ページ

1 (1) 三角形の面積は，
底辺×高さ÷2で求められる。

🔄 おさらい →43ページ

1 (2) 円の面積は，
半径×半径×3.14で求められる。

💡 ヒント

1 (3) 下のような図形とみて，
底面積を求める。

💡 ヒント

1 (4) 下のような図形とみて，
底面積を求める。

DAY
6

およその面積や体積の求め方 ·············

1 およその面積

身のまわりのものも，面積の
求め方のわかっている図形と
みると，およその面積を求める
ことができます。

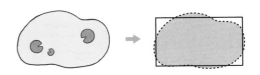

2 およその体積

体積の求め方のわかっている
図形とみると，およその体積を
求めることができます。

トライ 6

1 右のような形をした湖が
あります。
　この湖を台形とみると，
面積は約何km²ですか。

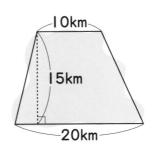

（　　　　　　　）

⟳ おさらい →42ページ

1 台形の面積は，
（上底＋下底）×高さ÷2で
求められる。

上底
高さ
下底

2 右のような容器があります。
　この容器を直方体とみると，
容積は約何cm³ですか。

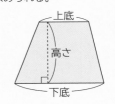

（　　　　　　　）

⟳ おさらい →44ページ

2 容積は，内のりの
縦×横×高さで求められる。

3 右のような形をしたケーキ
があります。
　このケーキを円柱とみると，
体積は約何cm³ですか。

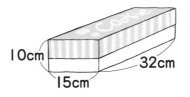

ヒント
3 まず，底面積を求める。

⟳ おさらい →43ページ

3 円の面積は，
半径×半径×3.14で求められ
る。

（　　　　　　　）

いろいろな単位

長さや面積などの量の大きさは，ある量をもとにして，その何個分かで表すんだ。単位のしくみがわかれば，いろいろな量を比べることができるよ。

ポイント 単位の関係

① 単位の関係

	ミリ m	センチ c	デシ d			キロ k		
長さ	1 mm	1 cm		1 m		1 km		
かさ	1 mL		1 dL	1 L		1 kL		
重さ	1 mg			1 g		1 kg		1 t

② 大きな面積・体積

長さ	1 cm	10cm	1 m 100cm	10m	100m	1 km 1000m
面積	1 cm²	100cm²	1 m²	アール 1 a 100m²	ヘクタール 1 ha 10000m²	1 km²
体積	1 cm³ 1 mL	1000cm³ 1 L	1 m³ 1 kL	1000m³	1000000m³	1 km³

③ 時間の単位

1日＝24時間　　1時間＝60分　　1分＝60秒

トライ 7

[1] □ にあてはまる数を書きましょう。

(1) 1000m ＝ □ km

(2) 1 L ＝ □ mL

(3) 1 t ＝ □ kg

(4) 1 ha ＝ □ m²

(5) 1 L ＝ □ cm³

(6) 1分40秒 ＝ □ 秒

おさらい →41ページ

[1](4) 1辺が100mの正方形の面積を，公式にあてはめて計算する。

スマホやタブレットで
ササッと
復習しよう！

DAY
6

算数 パズル & クイズ

ぬけ出せ！ おばけ城

おばけがたくさん出る城に迷いこんでしまったよ。
迷路の中の①〜⑥のかぎを全部集めて，城からぬけ出そう！

ルール 1 ①〜⑥の数字の順に進もう。ななめには進めない。
2 1つのマスは，1回しか通れない。
3 おばけのいるマスは通れない。

48 答えは別冊 9ページ

変化と関係①

単位量あたりの大きさ

取り組んだ日

月　日

人の数も部屋の広さもちがう2つの部屋のこみぐあいを調べるとき，
「1㎡あたりの人数」のように単位量あたりの大きさを比べるよ。単位
量あたりの大きさがわかれば，いろいろなものどうしを比べられるね。

ポイント　単位量あたりの大きさ

①　単位量あたりの大きさ

右の表のような2つの花だんのこみぐあいを
比べるには，次の2つの方法があります。

花だんの面積と花の本数

	面積（㎡）	本数（本）
A エー	8	42
B ビー	6	37

「1㎡あたりの平均の花の本数」を比べる

A…42÷8＝5.25（本）　　B…37÷6＝6.166…（本）
1㎡あたりの本数は，Aの花だんが5.25本，Bの花だんが約6.17本だから，
Bの花だんのほうがこんでいる。

「1本あたりの平均の面積」を比べる

A…8÷42＝0.190…（㎡）　　B…6÷37＝0.162…（㎡）
1本あたりの面積は，Aの花だんが約0.19㎡，Bの花だんが約0.16㎡だから，
Bの花だんのほうがこんでいる。

トライ 1

1 Aのチョコレートは15個で380円，Bのチョコレート
は24個で520円です。

　1個あたりのねだんが安いのはどちらのチョコレート
ですか。

（　　　　　　　　）

2 右の表は，A町とB町の面積と
人口を表したものです。

　面積のわりに人口が多いのは
どちらの町ですか。

	面積（km²）	人口（人）
A	72	13423
B	57	6772

（　　　　　　　　）

ヒント
1 AとBそれぞれのチョコレート1個分のねだんを求める。

おさらい →11ページ
1 代金÷個数
＝1個分のねだん

ヒント
2 A町とB町それぞれの1km²あたりの人口を求める。

もっとくわしく
2 1km²あたりの人口を人口密度という。

速さ

「1秒間あたりに進む道のり」「1分間あたりに進むきょり」の
ように，速さは単位時間に進む道のりで表されるよ。走った時間や
きょりがちがっても速さを比べることができるんだ。

ポイント 速さ

① 速さ

速さは，次の公式で求めることができます。

> 速さ＝道のり÷時間

速さには，時速・分速・秒速の3つの表し方があります。

> 時速…1時間あたりに進む道のりで表した速さ
> 分速…1分間あたりに進む道のりで表した速さ
> 秒速…1秒間あたりに進む道のりで表した速さ

時速300km

1時間に
300km進む

トライ ②

① 次の速さを求めましょう。

(1) 16.5kmの道のりを5時間で歩いた人の時速

( )

(2) 168mのきょりを7秒で飛ぶツバメの秒速

( )

② Aの自転車は1200mを5分間
で進み，Bの自転車は2200mを
8分間で進みました。
　AとBの自転車では，どちらが
速いですか。

( )

ヒント
① 速さを求める式に，道のり
と時間をあてはめて計算する。

おさらい →49ページ
①(1) 単位時間あたりの道のり
で，速さを表す。

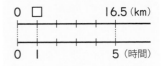

0 □ 16.5 (km)

0 1 5 (時間)

ヒント
② Aの自転車とBの自転車そ
れぞれの1分間あたりに進ん
だ道のりを求める。

ヒント
② 1分間あたりに進む道のり
が長いほど，速いといえる。

ポイント ▶ **道のり，時間** ······························

① **道のり**

道のりは，次の公式で求めることができます。

> 道のり＝速さ×時間

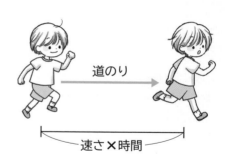

道のり

速さ×時間

② **時間**

時間は，次の公式で求めることができます。

> 時間＝道のり÷速さ

③ **時速・分速・秒速の関係**

時間の単位の関係を使うと，時速を
分速や秒速になおしたり，秒速を
分速や時速になおしたりすることが
できます。

乗り物の速さ

	秒速	分速	時速
車	10m	600m	36000m

×60　×60
×3600

トライ 3

1 次の道のりを求めましょう。

(1) 時速70kmで走る自動車が4時間で進む道のり

(　　　　　　)

(2) 秒速12mで泳ぐイルカが20秒で進むきょり

(　　　　　　)

2 次の時間を求めましょう。

(1) 分速18kmで飛ぶ飛行機が810km進むのにかかる
時間 (　　　　　　)

(2) 時速210kmで進む新幹線が735km進むのにかかる
時間 (　　　　　　)

3 分速50mで歩くゆうとさん
と，時速3.5kmで歩くかなさん
では，どちらが速いですか。

(　　　　　　)

💡 **ヒント**

12 わかっている数を公式に
あてはめて求める。

もっとくわしく

2 (1) 時間は，かかる時間を
□として，かけ算の式にあて
はめて求めることもできる。
18×□＝810
　　□＝810÷18

💡 **ヒント**

3 分速を時速になおすか，時
速を分速になおして求める。

🔄 **おさらい** →47ページ

3 1分＝60秒
　1時間＝60分

🔄 **おさらい** →47ページ

3 1000m＝1km

DAY
7

割合

> 数量を比べるとき，差で比べるのが難しいときがあるよ。そういうときは，ある量をもとにして，比べる量がもとにする量の何倍にあたるかを考えるんだ。何倍にあたるかを表した数を，割合というよ。

ポイント **割合**

① 割合

もとにする量を1としたとき，もう一方の量が何倍にあたるかを表した数を割合といいます。

割合は，次の式で求めることができます。

> 割合＝比べられる量÷もとにする量

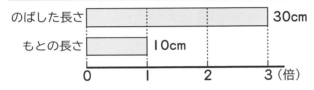

もとの長さが10cm，のばした長さが30cmのゴム

のばした長さ　30cm
もとの長さ　10cm
0　1　2　3（倍）

30÷10＝3（倍）
のばしたゴムの長さは，
もとの長さの3倍

トライ 4

① ある店では，ジャガイモとトマトのねだんを右のようにねあげしました。
　ねだんの上り方が大きいのは，どちらといえますか。
　割合を使って比べましょう。

	ねあげ前	ねあげ後
ジャガイモ	50円	150円
トマト	100円	200円

（　　　　　　　　）

② サッカーの試合で，15本シュートし，3本入りました。
　入った数は，シュートした数の何倍ですか。

（　　　　　　　　）

ヒント
① ねあげ前のねだんをもとにする量，ねあげ後のねだんを比べられる量と考える。

ヒント
② シュートした数をもとにする量，入った数を比べられる量と考える。

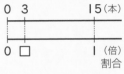

0　3　　　　15（本）
0　□　　　　1（倍）
　　　　　　割合

数直線図のくわしいかき方は，90ページをチェック。

比べられる量，もとにする量 ······································

① 比べられる量

比べられる量は，次の式で求めることができます。

比べられる量＝もとにする量×割合

クラブの定員が50人で，入部希望者が定員の1.3倍

$50 \times 1.3 = 65$（人）

0　　　　　　　　50　　□（人）

0　　　　　　　　1　　1.3（倍）
割合

② もとにする量

もとにする量は，次の式で求めることができます。

もとにする量＝比べられる量÷割合

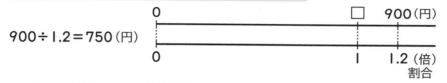

文庫本のねだんが900円で，マンガのねだんの1.2倍

$900 \div 1.2 = 750$（円）

0　　　　　　□　900（円）

0　　　　　　1　1.2（倍）
割合

··

トライ 5

1 テニスクラブの定員は**22**人で，入部希望者は定員の
1.5倍だったそうです。

　入部希望者の人数は何人ですか。

（　　　　　　　　）

2 コートのねだんは**7200**円で，
これはシャツのねだんの**1.8**倍に
あたります。

　シャツのねだんは何円ですか。

（　　　　　　　　）

3 プールの面積は**375**㎡で，これは運動場全体の面積の
0.15倍にあたるそうです。

　運動場の面積は何㎡ですか。

（　　　　　　　　）

ヒント
1 図を使って考える。

0　　22　□（人）

0　　1　1.5（倍）
割合

ヒント
2

0　　□　7200（円）

0　　1　1.8（倍）
割合

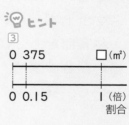

ヒント
3

0 375　　□（㎡）

0 0.15　　1（倍）
割合

DAY
7

ポイント ▷ 百分率 ···

① 百分率

もとにする量を100とみた割合の表し方を，百分率といいます。
割合の1は100%，0.01は1%です。

> **割合を表す小数，整数を百分率で表す**
>
> 割合を表す小数，整数を100倍して，百分率になおします。
> 0.5→50%　　1→100%　　0.03→3%

> **百分率を小数，整数で表す**
>
> 百分率を100でわって，小数，整数になおします。
> 20%→0.2　　100%→1　　3%→0.03

トライ 6

1 小数や整数で表した割合を，百分率で表しましょう。

(1) 0.07
(　　　　　　)

(2) 0.6
(　　　　　　)

(3) 1.25
(　　　　　　)

(4) 8
(　　　　　　)

2 百分率で表した割合を，小数や整数で表しましょう。

(1) 40%
(　　　　　　)

(2) 9%
(　　　　　　)

(3) 3.8%
(　　　　　　)

(4) 170%
(　　　　　　)

3 ともかさんの学校の体育館の面積は1400㎡で，バスケットボールコートの面積は420㎡です。

体育館をもとにした，バスケットボールコートの面積の割合を求め，百分率で表しましょう。

(　　　　　　)

↩ おさらい → 2ページ

①小数や整数を100倍すると
位は2けた上がる。

↩ おさらい → 2ページ

②小数や整数を$\frac{1}{100}$にすると
位は2けた下がる。
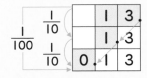

↩ おさらい →52ページ

③体育館の面積を1とみて考える。
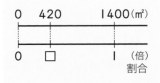

ポイント ▶ 割合の利用

① わりびき

300円の商品の**20%びき**のねだんの求め方には，次の**2**つの方法があります。

> **20%のねだんを求めて，もとのねだんからひく**

300×0.2＝60　　300－60＝240（円）

> **100%から20%をひいた残りの80%のねだんを求める**

300×（1－0.2）＝300×0.8＝240（円）

② わりまし

400円の商品に**20%の利益（りえき）**を加えて売ったときのねだんは，わりびきのときと同じようにして求めることができます。

> **20%のねだんを求めて，もとのねだんに加える**

400×0.2＝80　　400＋80＝480（円）

> **100%に20%をたした120%のねだんを求める**

400×（1＋0.2）＝400×1.2＝480（円）

トライ 7

1 ねだんが**1800円**のマフラーを**30%びき**で買いました。

代金は何円になりますか。

（　　　　　　　　　）

2 **80g**入りだったポテトチップスが，**15%増量（ぞうりょう）**して売られています。

ポテトチップスは，何**g**入りになっていますか。

（　　　　　　　　　）

3 洋服を**40%びき**のねだんで買うと，代金は**1500円**でした。

もとのねだんは何円になりますか。

（　　　　　　　　　）

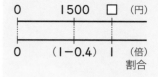

ヒント
1 ねだんの**30%びき**は，代金がねだんの**30%**分安くなるということ。

ヒント
3 代金がもとのねだんの何倍か考える。

スマホやタブレットで
ササッと
復習しよう！

DAY
7

いちばんにゴールするのはだれ!?

学校の運動会で，りかさん，ゆうとさん，まきさん，
こうじさんの4人が競走しているよ。
下の絵を見て速さを比べ，だれがいちばんに
ゴールするか予想しよう！

分速348m
りかさん

時速20km
ゆうとさん

秒速5.9m
まきさん

こうじさん

分速378m

答え　いちばんに
ゴールするのは

　答えは別冊10ページ

比

割合は，もとにする量の何倍になるかを１つの数で表す方法以外に，「２：３」のように，２つの数の組と記号「：」を使う比という表し方があるよ。比を使えば，２つの量の大きさがわかりやすくなるね。

ポイント　比と比の値

❶ 比

２つの量の大きさの割合を，
２つの数を使って表したものを
比といい，$a : b$のように表します。

男子が16人，女子が15人のクラスの
男女の人数の比
男子 ： 女子
16 ： 15

❷ 比の値

$a : b$の比で，bをもとにしてaが
どれだけの割合になるか表した
ものを比の値といいます。

比が３：４のときの比の値
比べられる量÷もとにする量＝比の値
　　　3　　÷　　4　　＝ $\frac{3}{4}$

❸ 等しい比

１：２，２：４など，比の値が等しいとき，
それらの比は等しいといいます。
等しい比で，できるだけ小さな整数の比に
なおすことを，比を簡単にするといいます。

÷10
30：20＝3：2
÷10

トライ 1

① 次の比の値を求めましょう。

(1) 2 ： 3

(　　　　　　　)

(2) 20 ： 15

(　　　　　　　)

② 次の比を簡単にしましょう。

(1) 81 ： 27

(　　　　　　　)

(2) 350 ： 560

(　　　　　　　)

(3) 6.4 ： 2.4

(　　　　　　　)

(4) $\frac{3}{8}$ ： $\frac{3}{4}$

(　　　　　　　)

💡 ヒント
②比を簡単にするときは，両方の数の最大公約数でわる。
4：18＝(4÷2)：(18÷2)
　　　＝2：9

DAY
8

🔙 おさらい →5ページ
ある数をわり切れる数のことを，その数の約数という。
6の約数：1 2 3 6

▷ **比の利用** ⋯⋯⋯⋯⋯⋯⋯⋯⋯⋯⋯⋯⋯⋯⋯⋯⋯⋯⋯⋯⋯⋯⋯⋯

❶ **比の一方の量を求める**

コーヒーと牛乳を5：2にして、コーヒー牛乳を作ります。
コーヒーを600mL使うときの牛乳の量の求め方には、次の方法があります。

もとにする量を使って求める方法

牛乳の量は、コーヒーの量を1とみると、

$\frac{2}{5}$ にあたる。

$600 \times \frac{2}{5} = 240$（mL）

等しい比を使って求める方法

牛乳の量を x mLとすると、

$$5 : 2 = 600 : x \qquad \begin{aligned} x &= 2 \times 120 \\ &= 240\,(\text{mL}) \end{aligned}$$

（×120）

❷ **全体をきまった比に分ける**

160枚のシールを、兄と弟で分けます。
兄の分と弟の分を3：2にするときの、それぞれのシールの枚数の求め方には、次の方法があります。

割合で求める方法

シール全体の枚数を1とみると

兄の枚数は $\frac{3}{5}$ にあたるから、

$160 \times \frac{3}{5} = 96$（枚）

弟の枚数は $\frac{2}{5}$ にあたるから、

$160 \times \frac{2}{5} = 64$（枚）

等しい比を使って求める方法

兄の枚数を x 枚とすると
兄と全体の枚数の比は、

$$3 : 5 = x : 160 \qquad \begin{aligned} x &= 3 \times 32 \\ &= 96\,(\text{枚}) \end{aligned}$$

（×32）

弟の枚数は　　　　　$160 - 96 = 64$（枚）

⋯⋯⋯

トライ 2

1 次の式で、x の表す数を求めましょう。

(1) $15 : 25 = 6 : x$

(　　　　　　　）

(2) $3 : 28 = x : 84$

(　　　　　　　）

(3) $0.2 : 0.7 = 12 : x$

(　　　　　　　）

(4) $\frac{4}{9} : \frac{1}{6} = x : 3$

(　　　　　　　）

2 なおさんは、2.1Lのお茶を妹と分けることにしました。なおさんの分と妹の分のお茶の量の比を4：3にするには、それぞれ何Lに分けたらよいですか。

なおさん（　　　　　　）　妹（　　　　　　）

💡 **ヒント**

1 (3)(4) 整数の比になおすとよい。

$0.8 : 0.5 = 8 : 5$

↩ **おさらい** →52ページ

2 割合は、
比べられる量÷もとにする量
で求められる。

💡 **ヒント**

2 全体の比は
$4 + 3 = 7$

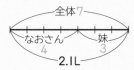

58

比例

> 長方形の縦の長さと面積のように，一方の数量が２倍，３倍，…になると，もう一方の数量も２倍，３倍，…になる関係を，比例というよ。比例の関係にある２つの数量は，かけ算を使って表すことができるよ。

ポイント 比例 ・・・

1 比例

ともなって変わる２つの数量 x，y があって，x の値が２倍，３倍，…になると，y の値も２倍，３倍，…となるとき，y は x に比例するといいます。

水の深さと時間の変わり方

時間　　x（分）	1	2	3	4	5	6	7
水の深さ　y（cm）	3	6	9	12	15	18	21

これを式に表すと，$y = 3 \times x$

トライ 3

1 下の表は，底辺の長さが４cmの三角形の，高さ x cm と面積 y cm² の関係を表したものです。

高さ　　x（cm）	1	2	3	4	㋑
面積　　y（cm²）	2	4	6	㋐	10

(1) y を x の式で表しましょう。

（　　　　　　　　　）

(2) ㋐，㋑にあてはまる数を書きましょう。

㋐（　　　　　）　㋑（　　　　　）

(3) 高さが９cmのときの面積は何cm²ですか。

（　　　　　　　　　）

おさらい →42ページ

1 三角形の面積は
底辺×高さ÷2で求められる。

ヒント

1 (1)(2) 高さが1ずつ大きくなると，面積は2ずつ大きくなる。

ヒント

1 (3) (1)で求めた式の x に9をあてはめる。

DAY
8

59

1 比例のグラフ

時速60kmで走る自動車の，走った時間 x 時間と走った道のり y km の比例する関係を
グラフに表します。

グラフのかき方

① 横軸，縦軸をかく。
② 横軸と縦軸の交わる点を0として，横軸に
　x の値を，縦軸に y の値をそれぞれ目もる。
③ 対応する x，y の値の組を表す点をとる。
④ 点どうしをつなぐ。

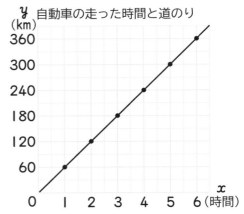
自動車の走った時間と道のり

トライ 4

1 下の表は，縦の長さが4cmの長方形の，横の長さ
x cm と面積 y cm² を表したものです。

横の長さ　x (cm)	1	2	3	4
面積　　　y (cm²)	4	8	12	16

(1) y を x の式で表しましょう。

（　　　　　　　　　）

(2) x の値が0のときの y の
値を求めて，右のグラフに
点をとりましょう。

(3) x と y の関係を，右のグ
ラフに表しましょう。

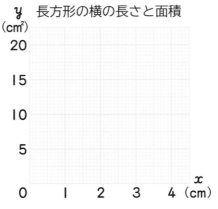
長方形の横の長さと面積

(4) グラフから，x の値が4.5
のときの y の値を読み取り
ましょう。

（　　　　　　　　　）

↺ おさらい →41ページ
1 長方形の面積は
縦×横で求められる。

↺ おさらい →23ページ
1 文字を使った式の，x
にあてはめた値を x の値，
そのときの y にあたる値
を y の値という。

💡 ヒント
1 (2) (1)で求めた式に0
をあてはめて，y の値を
求める。

💡 ヒント
1 (3)表を見て，x と y の
値の組を表す点をとる。

💡 ヒント
1 (4) (3)で表したグラフ
から，x が4.5のときの y
の値を読み取る。

ポイント 比例の関係の利用 ⋯⋯⋯⋯⋯⋯⋯⋯⋯⋯⋯⋯⋯⋯⋯⋯⋯⋯⋯⋯

❶ 比例の関係の利用

比例の関係を利用すれば，かぞえなくても，全部の数量を求めることができます。

ねじ20本をはかったら，40gありました。
ねじの重さは本数に比例するとみて，このねじ100本の重さを求めます。

		5倍→	
本数 x（本）	20	100	
重さ y（g）	40	□	
		←5倍	

$100 \div 20 = 5$
$40 \times 5 = 200$ (g)

⋯⋯

トライ 5

1 牛肉200gが600円で売られています。
　牛肉の代金が重さに比例することを使って，次の問題に答えましょう。

(1) この牛肉を600g買うときの代金は何円ですか。

（　　　　　　　　　）

(2) この牛肉を900g買うときの代金は何円ですか。

（　　　　　　　　　）

2 針金2mの重さをはかったら，15gでした。
　同じ針金30mの重さは何gですか。
　針金の重さが長さに比例することを使って求めましょう。

（　　　　　　　　　）

ヒント
1 (1) 牛肉600gが200gの何倍になるかを求める。

ヒント
1 (2) 牛肉900gが200gの何倍になるかを求める。

おさらい →11ページ
1 終わりに0のある数のわり算は，0を同じ数ずつ消してから計算できる。
$400 \div 20 = 20$
↓　　↓
$40 \div 2 = 20$

ヒント
2 針金30mが2mの何倍になるかを考える。

○倍
2m → 30m
15g → □g

関係図のくわしいかき方は91ページをチェック。

DAY
8

61

反比例

> ともなって変わる2つの量の関係には，反比例というものがあるよ。
> 一方の量が2倍，3倍，…になると，もう一方の量が$\frac{1}{2}$倍，$\frac{1}{3}$倍，…になる
> 関係で，面積が等しいときの長方形の縦と横の長さの関係などがあるよ。

ポイント　反比例

① 反比例

ともなって変わる2つの量x，yがあって，xの値が2倍，3倍，…になると，
yの値が$\frac{1}{2}$倍，$\frac{1}{3}$倍，…になるとき，yはxに反比例するといいます。

面積が24cm²の長方形の縦と横の長さ

縦の長さ　x（cm）	1	2	3	4	5	6
横の長さ　y（cm）	24	12	8	6	4.8	4

横の長さを$y$cm，縦の長さを$x$cmとして，
式に表すと，$y = 24 \div x$

トライ 6

1　下の表は，**48km**の道のりを行くときの，時速$x$km
とかかる時間y時間を表したものです。

時速　x（km）	10	20	30	40
時間　y（時間）	4.8	2.4	1.6	1.2

(1) xの値が$\frac{1}{2}$倍になると，yの値は何倍になりますか。

（　　　　　　　　）

(2) yをxの式で表しましょう。

（　　　　　　　　）

(3) xの値が60のときのyの値を求めましょう。

（　　　　　　　　）

↩ おさらい →51ページ

1 時間は
道のり÷速さ
で求めることができる。

ヒント
1(1) yがxに反比例するとき，
xの値が□倍になると，yの
値は$\frac{1}{□}$倍になる。

ヒント
1(3) (2)で求めた式にxの値
をあてはめて，yの値を求め
る。

1 反比例のグラフ

面積が12cm²の平行四辺形の高さ x cmと底辺の
長さ y cmを反比例のグラフに表します。

高さ x (cm)	1	2	3	4	6	12
底辺の長さ y (cm)	12	6	4	3	2	1

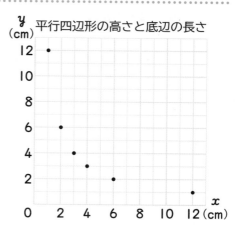

平行四辺形の高さと底辺の長さ

トライ 7

1 18mのリボンを何本かに等しく分けます。下の表は，
テープの1本分の長さ y mが本数 x 本に反比例する関
係を表したものです。

x と y の値の組を，下のグラフに点で表しましょう。

本数 x (本)	1	2	3	6	9	18
1本分の長さ y (m)	18	9	6	3	2	1

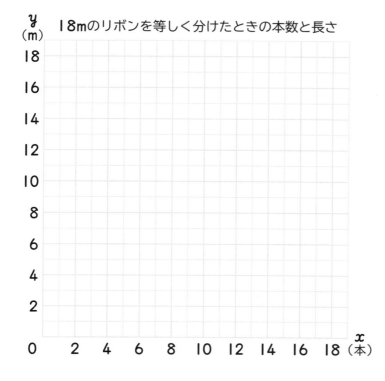

18mのリボンを等しく分けたときの本数と長さ

🔍 **ヒント**
1 対応する x と y の値の組を
表す点をとる。

🔄 **おさらい →62ページ**
1 y が x に反比例するとき，
x の値が□倍になると，y の
値は $\frac{1}{□}$ 倍になる。

🐾 **もっとくわしく**
1 反比例のグラフは，点を細
かくとると，なめらかな曲線
になる。

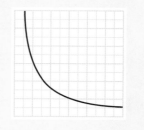

スマホやタブレットで
ササッと
復習しよう！

いちばん重いふくろはどれ？

おかしのたくさん入った，重さのちがうふくろが4つあるよ。
いちばん重いふくろは⑦～⑨のどれかな？
てんびんで調べよう！

 いちばん重いふくろは ☐

DAY 9

データの活用①

表の整理

集めたデータをかぞえて数値にするとき，表を使って整理すると数がわかりやすくなるよ。知りたいことがらに応じて，いろいろな整理のしかたが考えられるんだ。

ポイント　1つのことがらを整理した表

① 整理のしかた

右のような表を使うと，数をわかりやすく整理することができます。

みかん	もも	りんご	みかん
みかん	もも	もも	みかん
もも	りんご	もも	ぶどう
りんご	ぶどう	みかん	もも

好きなくだもの調べ

種　類	人数（人）
も　も	6
みかん	5
りんご	3
ぶどう	2
合　計	16

トライ 1

1 6年1組で，好きなスポーツについて調べました。

野　球	サッカー	テニス	ドッジボール	サッカー	サッカー
サッカー	野　球	サッカー	サッカー	野　球	ドッジボール
野　球	テニス	ドッジボール	野　球	ドッジボール	サッカー
サッカー	サッカー	野　球	ドッジボール	野　球	テニス

(1) 右の表に，人数を書きましょう。

(2) 好きな人がいちばん多いスポーツは何ですか。

（　　　　　　　　　）

好きなスポーツ調べ（1組）

種　類	人数（人）
サッカー	
野　球	
ドッジボール	
テニス	
合　計	

ヒント
1(1) 人数を調べるときは，「正」の字を使って調べるとよい。

ヒント
1(1) かぞえたものには印をつけていく。

野球 サッカー テニス ドッジボール

ヒント
1(1) 人数の合計は，カードの枚数の合計と同じになる。

DAY
9

ヒント
1(2) (1)でかぞえた人数をもとに考える。

65

ポイント **2つのことがらを整理した表** ·····················

❶ 2つのことがらを組み合わせた表

表の形をくふうすると，2つのことを組み合わせて整理することができます。

読んだ本調べ（1組）

種　類	人数（人）
物　語	13
伝　記	8
百科事典	7
図かん	4
合　計	32

読んだ本調べ（2組）

種　類	人数（人）
物　語	14
伝　記	6
百科事典	7
図かん	5
合　計	32

→

読んだ本調べ（人）

	1組	2組	合　計
物　語	13	14	27
伝　記	8	6	14
百科事典	7	7	14
図かん	4	5	9
合　計	32	32	64

❷ 2つの見方で分けられた表

2つのことがらを，2つの
見方で分けると，右のような
表に整理することができます。

6年1組の図書室の利用のようす（人）

		今週		合　計
		借りた	借りない	
先週	借りた	7	7	14
	借りない	12	6	18
	合　計	19	13	32

トライ 2

① 下の表は，球技大会でしたい競技についてクラスごとに調べた表です。⑦〜㋓に入る数を書きましょう。

6年生の球技大会でしたい競技調べ（人）

	1組	2組	3組	合　計
ドッジボール	12	10	7	⑦
ポートボール	9	9	8	26
キックベース	6	5	㋑	26
サッカー	5	8	2	15
合　計	㋒	32	32	㋓

② ゆきさんのクラスで，動物を飼っている人を調べて，右のような表に表しました。
　イヌとネコのどちらも飼っている人は何人ですか。

（　　　　　　　　）

動物を飼っている人調べ（人）

		イヌ		合計
		飼っている	飼っていない	
ネコ	飼っている	3	7	10
	飼っていない	8	14	22
	合　計	11	21	32

💡ヒント
①⑦には，ドッジボールをしたい人の合計人数が入る。
㋑には，3組でキックベースをしたい人の人数が入る。
㋒には，1組の合計人数が入る。
㋓には，6年生の合計人数が入る。

💡ヒント
①㋓に入る数は，縦にしても横にたしても等しくなる。

💡ヒント
②イヌを飼っている人とネコを飼っている人の交わっているらんを見つける。

いろいろなグラフ

集めたデータの特徴を知りたいとき，グラフを使って表すよ。数の大小を知りたいなら棒グラフ，変わり方のようすを知りたいなら折れ線グラフといったように，目的に応じたグラフを選ぼう。

ポイント　棒グラフ

❶ 棒グラフ

棒の長さで数の大きさを表したグラフを，棒グラフといいます。

家で勉強した時間

曜　日	時間(分)
月	35
火	35
水	45
木	50
金	60

→

家で勉強した時間

0　10　20　30　40　50　60（分）

月
火
水
木
金

トライ 3

1 次の表は，りくさんのクラスの，好きな色を表したものです。

好きな色調べ

色	人数（人）
赤	9
青	6
緑	2
その他	5
合　計	22

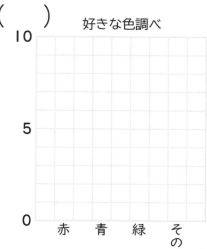

(　)　好きな色調べ

10

5

0　　赤　青　緑　そ の 他

(1) 縦軸の（　）に単位を書きましょう。

(2) この表を棒グラフに表しましょう。

(3) 好きな人がいちばん多い色は何ですか。（　　　　　）

💡ヒント
1 (1) グラフの1めもりが何を表しているのか考えて，（　）に単位を入れる。

💡ヒント
1 0から5までが5等分されているので，1めもりは1人。

💡ヒント
1 (3) 棒の長さがいちばん長い色が，好きな人の人数がいちばん多い。

ポイント ▶ 折れ線グラフ

❶ 折れ線グラフ

気温や水温のように，変わって
いくもののようすを表すには，
折れ線グラフを使います。

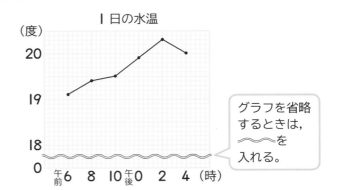

グラフを省略
するときは，
〜〜を
入れる。

**❷ 棒グラフと折れ線グラフを
合わせたグラフ**

グラフを組み合わせると，
2つのことがらの関係が
わかりやすくなります。

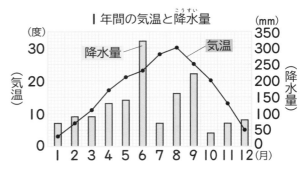

トライ 4

1 下の棒グラフと折れ線グラフを見て，問題に答えましょう。

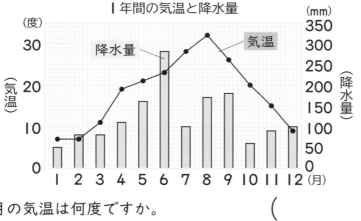

(1) 5月の気温は何度ですか。　　　　　　　（　　　　　　　）

(2) 気温の上がり方がいちばん大きいのは，何月から何月の
間ですか。

（　　　　　　）から（　　　　　　）の間

(3) 降水量がいちばん多いのは何月ですか。（　　　　　　）

💡 ヒント
1 (1) 左の縦軸のめも
りを読み取る。

💡 ヒント
1 (2) 折れ線グラフで
は，線のかたむきが急
なところほど，変わり
方が大きい。

🔙 おさらい→67ページ
1 (3) 棒グラフでは，
棒の長さが数の大き
さを表している。

💡 ヒント
1 (3) 右の縦軸が降水
量を表している。

68

ポイント 円グラフ，帯グラフ

① 円グラフ

全体を円で表し，各部分の割合を
半径で区切って表したグラフを
円グラフといいます。

10月の学校でのけがの種類別の割合

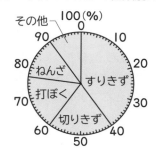

② 帯グラフ

全体を長方形で表し，
各部分の割合を直線で
区切ったグラフを
帯グラフといいます。

10月の学校でのけがの種類別の割合

すりきず			切りきず	打ぼく	ねんざ	その他

0　10　20　30　40　50　60　70　80　90　100%

トライ 5

1 右のグラフは，ある市の
農作物の収かく量を表した
ものです。

米の収かく量の割合は，
全体の何**%**ですか。

（　　　　　　　　）

ある市の農作物の収かく量の割合

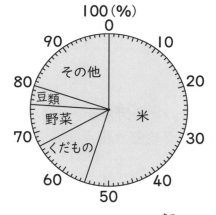

2 下のグラフは，めぐさんのクラスの学級文庫**200冊**の本
の数の割合を，種類別に表したものです。

物語			図かん		科学	伝記	辞典	その他

0　10　20　30　40　50　60　70　80　90　100%

(1) 科学の本の冊数の割合は，全体の何**%**ですか。

（　　　　　　　　）

(2) 伝記は何冊ですか。

（　　　　　　　　）

ヒント
1 円グラフは，0の
めもりから時計回り
に区切られている。

ヒント
2 帯グラフは，大き
い順に左から区切ら
れている。

ヒント
2(1) 科学の本の割合
は，61のめもりから
71のめもりまでで区
切られている。

ヒント
2(2) 伝記の割合は，
71のめもりから80
のめもりまでで区切
られている。

おさらい→53ページ
2(2) 比べられる量は，
もとにする量×割合
で求められる。

平均

> いくつかの数量を，同じ大きさになるようにならした
> ものを平均というよ。平均を使えば，おおよその全体
> 量や大きさを求めることもできるよ。

ポイント 平均 ‥‥‥‥‥‥‥‥‥‥‥‥‥‥‥‥‥‥‥‥‥‥

① 平均

合計を求めて，それを個数で等分すると，平均を計算で求めることができます。

たまご5個の重さの平均

52g   54g   51g   56g   50g

$$(52+54+51+56+50) \div 5 = 263 \div 5$$
$$= 52.6 \, (g)$$

トライ 6

1 下の表は，けんさんのいる野球チームの最近**4**試合の得点です。**1**試合に平均何点得点したことになりますか。

試合	1試合目	2試合目	3試合目	4試合目
得点（点）	5	4	5	0

(　　　　　　　)

2 **5**個のオレンジの重さをはかったら，次のようになりました。**1**個平均何**g**ですか。

| 165g   170g   171g   169g   167g |

(　　　　　　　)

> **ヒント**
> **1** 野球の得点のように，小数で表さないものも，平均では小数で表すことがある。

> **ヒント**
> **1** 4試合の平均を求めるので，0点の試合もふくめて計算する。

> **ヒント**
> **2** まずオレンジ5個の重さの合計を求める。

···

① 全体の量を予想する

平均を使うと，全体の量を予想することができます。

平均15mLのジュース5杯の全体の量

15×5＝75（mL）

···

トライ 7

1 りんご1個からしぼったジュースの量の平均は，130mLでした。
このりんごを20個しぼると，何mLのジュースが作れることになりますか。

(　　　　　　　　　　)

2 右の表は，なつきさんが，10歩ずつ5回歩いたきょりの記録です。

回	10歩のきょり
1	5m62cm
2	5m58cm
3	5m50cm
4	5m63cm
5	5m57cm

(1) なつきさんの歩幅は，約何mといえますか。
四捨五入して上から2けたのがい数で求めましょう。

(　　　　　　　　　　)

(2) ろう下の長さを調べたら，なつきさんの歩幅では64歩ありました。
ろう下の長さは約何mありますか。

(　　　　　　　　　　)

ヒント
1 合計は，平均×個数で求められる。

ヒント
2(1) 5回のきょりの平均を求めて，それを10でわれば，1歩のきょりの平均を求められる。

おさらい →6ページ
2(1) 上から3けた目を四捨五入する。

ヒント
2(2) (1)で求めたなつきさんの1歩のきょりの平均を使う。
ろう下のきょり＝歩幅×歩数

スマホやタブレットで
ササッと復習しよう！

DAY
9

グラフのまちがい探し

図書委員会が作った読書週間ポスターを見て，チャ太郎が下のようなことを言ったよ。

チャ太郎が言ったことは正しいかな？　正しくないかな？ポスターにかかれたグラフを読んで考えよう！

4年生と5年生で，SF小説が好きな人の人数は同じなんだね！

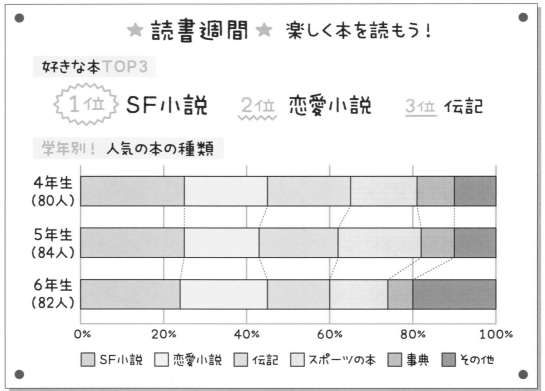

答え　チャ太郎が言ったことは [　　　　　]

答えは別冊 12ページ

データの代表値

データの特徴を調べたり，伝えたりするとき，1つの値で
代表させて比べることがあるよ。こういった値を代表値と
いうんだ。代表値には，平均値や最頻値，中央値があるよ。

ポイント▶ 平均値

1 平均値

集団のデータの平均を，集団のデータの平均値といいます。
いくつかの集団のデータを比べるときに，それぞれの集団のデータの平均値を
使うことがあります。

ある畑でとれたピーマンの重さ (g)

① 32	② 26	③ 30
④ 33	⑤ 25	⑥ 21
⑦ 35	⑧ 23	⑨ 27

→ データの平均値

$(32+26+30+33+25+21+35+23+27)÷9$
$=252÷9$
$=28 (g)$

トライ 1

1 下の表は，あるクラスの男子と女子の通学時間を表したものです。

男子の通学時間

番号	時間(分)	番号	時間(分)	番号	時間(分)
①	16	⑥	14	⑪	5
②	9	⑦	4	⑫	21
③	18	⑧	17	⑬	20
④	20	⑨	14	⑭	18
⑤	9	⑩	11		

女子の通学時間

番号	時間(分)	番号	時間(分)	番号	時間(分)
①	7	⑥	10	⑪	4
②	8	⑦	8	⑫	12
③	17	⑧	19	⑬	15
④	4	⑨	11		
⑤	25	⑩	16		

(1) 男子の通学時間の平均値は何分ですか。

(　　　　　　　　　)

(2) 女子の通学時間の平均値は何分ですか。

(　　　　　　　　　)

おさらい →70ページ

1 平均は, 合計÷個数
で求められる。

もっとくわしく

1 いちばん小さい数
を仮の平均として, 0
とみる。そのほかを
その数との差で表す
と計算が簡単になる。

ピーマンの重さ (g)
33, 39, 35, 38, 39
→いちばん小さい33
を仮の平均とすると,
$(0+6+2+5+6)÷5$
$=19÷5=3.8$
$33+3.8=36.8$
だから, 平均は36.8g

DAY
10

最頻値，中央値 ・・・

1 最頻値

データの中で，最も多く出てくる値を最頻値といいます。

あく力の記録（6年1組の女子）

番号	記録(kg)	番号	記録(kg)	番号	記録(kg)
①	23	⑥	28	⑪	22
②	20	⑦	20	⑫	19
③	22	⑧	26	⑬	23
④	21	⑨	15	⑭	20
⑤	15	⑩	19		

あく力の記録
（6年1組の女子）の
データの最頻値

20kg

2 中央値

データの値を大きさの順に並べたときの中央の値を，中央値といいます。
データの個数が偶数のときは，中央にある2つの値の平均値を求めて，中央値とします。

あく力の記録（6年1組の女子）のデータの中央値

28　26　23　23　22　22　**21　20**　20　20　19　19　15　15
→(21＋20)÷2＝20.5(kg)

・・・

トライ 2

① 下の表は，6年2組の男子の，1か月に読んだ本の
冊数を調べたものです。

1か月に読んだ本の冊数（6年2組の男子）

番号	記録(冊)	番号	記録(冊)	番号	記録(冊)
①	1	⑥	3	⑪	1
②	0	⑦	2	⑫	2
③	5	⑧	2	⑬	6
④	0	⑨	1	⑭	5
⑤	3	⑩	3	⑮	3

(1) 最頻値は何冊ですか。

(　　　　　　　　)

(2) 中央値は何冊ですか。

(　　　　　　　　)

ヒント
①(1)いちばん多く出ている値を探す。

もっとくわしく
①(1)最頻値はモードともいう。

ヒント
①(2)データの個数が奇数なので，ちょうど真ん中の値がデータの中央値。

もっとくわしく
①(2)中央値はメジアンともいう。

データの整理

集めたデータの特徴を見つけるには、データをきちんと整理することが大切だよ。データを整理するには、ドットプロットや度数分布表、ヒストグラムを使うんだ。

ポイント　ドットプロット

1 ドットプロット

数直線の上にデータをドット（点）で表した図を、ドットプロットといいます。
ドットプロットを使うと、平均値を調べただけではわからないデータのちらばりのようすがわかります。

あく力の記録（6年1組の女子）のデータのドットプロット

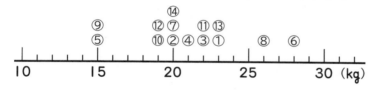

トライ 3

１ 次の表は6年1組の女子の、国語の小テストの点数を表したものです。

　これを下のドットプロットに表します。続きをかきましょう。

国語の小テストの点数（6年1組の女子）

番号	点数（点）	番号	点数（点）	番号	点数（点）	番号	点数（点）
①	5	⑤	16	⑨	15	⑬	8
②	19	⑥	18	⑩	18	⑭	11
③	10	⑦	9	⑪	10	⑮	16
④	20	⑧	18	⑫	12		

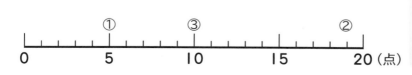

ヒント
１ 同じ値があるときは、上に積み上げてかく。

ヒント
１ ぬけ落ちや重なりがないように気をつける。

もっとくわしく
１ ドットがいちばん高く積み上がったところが最頻値。

1 度数分布表

データを整理するために
もちいる区間を階級といい,
区間の幅を階級の幅といいます。
データをいくつかの階級に
分けて整理した右のような
表を度数分布表といいます。

130cm以上
135cm未満
を階級という。

このデータ
の階級の
幅は5cm。

1人を
度数と
いう。

こうたさんのクラスの男子の身長

身長(cm)	人数(人)
130以上～135未満	1
135　～140	3
140　～145	5
145　～150	3
150　～155	2
155　～160	1
合計	15

2 度数

それぞれの階級に入っているデータの個数を度数といいます。

トライ 4

1 あの表は, 6年3組の女子の反復横とびの記録を表し
たものです。

あ 反復横とびの記録(6年3組の女子)

番号	点数(点)	番号	点数(点)
①	46	⑧	50
②	34	⑨	47
③	51	⑩	52
④	49	⑪	40
⑤	56	⑫	48
⑥	53	⑬	59
⑦	41	⑭	46

い 反復横とびの記録(6年3組の女子)

点数(点)	人数(人)
30以上～35未満	1
35　～40	0
40　～45	2
45　～50	5
50　～55	㋐
55　～60	2
合計	㋑

(1) いの表の㋐, ㋑に入る数を書きましょう。

(2) いちばん度数が多いのは, 何点以上何点未満の階級で
すか。

(　　　) 点以上 (　　　) 点未満

(3) 点数が40点以上50点未満の人の割合は, 全体の度数
の合計の何%ですか。

(　　　)

ヒント
1(1)㋐は, あの表の中か
ら, 50点以上55点未満の
人が何人いるかかぞえる。

ヒント
1(2)いの表の中から, デー
タの個数がいちばん多い階
級を見つける。

ヒント
1(3)40点以上50点未満
の人数は, 40点以上45点
未満の人数と, 45点以上
50点未満の人数の合計。

おさらい →52ページ
1(3)割合は,
比べられる量÷もとにする量
で求められる。

❶ ヒストグラム

横軸に階級の幅，縦軸に度数をとった下のようなグラフを，ヒストグラム
といいます。全体のちらばりのようすがひと目でわかります。

ソフトボール投げの記録

きょり(m)	度数(人)
10以上〜15未満	1
15 〜20	6
20 〜25	9
25 〜30	7
30 〜35	6
35 〜40	2
40 〜45	1
合計	32

➡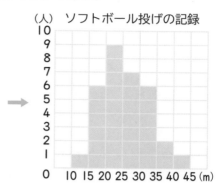

ソフトボール投げの記録

トライ 5

1 右の表は，6年
1組と6年2組の
50m走の記録を表
したものです。

(1) 6年2組の記録
を下のヒストグラ
ムに表しましょう。

50m走の記録

時間(秒)	人数(人) 1組	人数(人) 2組
7.0以上〜7.5未満	1	0
7.5 〜8.0	2	1
8.0 〜8.5	3	4
8.5 〜9.0	5	8
9.0 〜9.5	7	5
9.5 〜10.0	4	4
10.0 〜10.5	2	2
10.5 〜11.0	1	2
合計	25	26

ヒント
1 (1)ヒストグラムは，棒
グラフとちがって，すき
まをあけずに長方形をか
く。
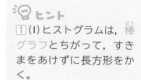
棒グラフ
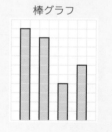

もっとくわしく
1 (1) ヒストグラムは，
柱状グラフともいう。

ヒント
1 (2) 9.5秒以上の人には，
9.5秒以上10.0秒未満，
10.0秒以上10.5秒未満，
10.5秒以上11.0秒未満
の階級の人があてはまる。

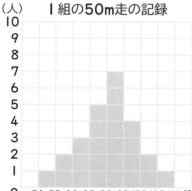

(人) 1組の50m走の記録

(人) 2組の50m走の記録

(2) 6年1組と2組で，9.5秒以上
の人が多いのはどちらですか。

(   )

場合の数

並べ方や組み合わせを調べるときは，順序よく起こりうる
場合を整理することが大切だよ。ぬけ落ちや重なりがない
ように，表や図を使った場合の数の調べ方を考えてみよう。

ポイント　並べ方

1　並べ方

並べ方を調べるときは，表や図にして順序を調べます。
右のような旗を赤，白，黒の3色を使ってぬり分けるときの，
左，中，右のぬり方の順序を調べるには，次の2つの方法が
あります。

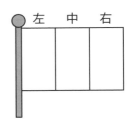

表を使う方法

左	中	右
赤	白	黒
赤	黒	白
白	赤	黒
白	黒	赤
黒	赤	白
黒	白	赤

図を使う方法

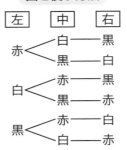

旗のぬり分け方は，
全部で6通り。

トライ 6

1　2，4，6の3枚のカードを使って，3けたの整数
をつくります。
　　できる3けたの整数をすべて書きましょう。
　　また，3けたの整数は，全部で何通りありますか。

（　　　　　　　　　　　　　　　）の
　　　　　　　　（　　　　　　　）通り

2　コインを投げて，表が出るか裏が出るかを調べます。
　　2回続けて投げるとき，表と裏の出方は何通りあり
ますか。

（　　　　　　　）通り

ヒント
1 小さい数から順に考える。

もっとくわしく
1 2 記号を線で結んで表し
た下のような図を樹形図とい
う。

ポイント ▶ 組み合わせ方

❶ 組み合わせ方

組み合わせ方を調べるときも，並べ方を調べるときのように，
表や図にして順序よく調べます。
右のような4枚のカードの中から，2枚選ぶときの
組み合わせを調べる方法には，次の2つの方法があります。

| 丸 | 三角 | 星 | 四角 |

表を使う方法

	●	▲	★	■
●		○	○	○
▲			○	○
★				○
■				

図を使う方法

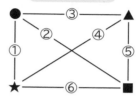

カードの組み合わせは，
全部で6通り。

トライ 7

1 うめ，しゃけ，おかか，こんぶ，
ツナの5種類のおにぎりがあります。
5種類のおにぎりを㋐，㋑，㋒，㋓，
㋔として，次の問題に答えましょう。

(1) 2種類のおにぎりを選ぶとき，どんな組み合わせが
ありますか。すべて書きましょう。
　また，2種類のおにぎりの組み合わせは，全部で何
通りですか。

（　　　　　　　　　　　　　　　　　　　）の

　　　　　　　　（　　　　　）通り

(2) 3種類のおにぎりを選ぶとき，どんな組み合わせが
ありますか。すべて書きましょう。
　また，3種類のおにぎりの組み合わせは，全部で何
通りですか。

（　　　　　　　　　　　　　　　　　　　）の

　　　　　　　　（　　　　　）通り

ヒント

1 (2) 4種類から3種類のも
のを選ぶときの組み合わせな
どは，下の表のように考える
とよい。

●，▲，★，■のかかれたカー
ドから，3枚選ぶ組み合わせ

●	▲	★	■
○	○	○	
○	○		○
○		○	○
	○	○	○

スマホやタブレットで
ササッと
復習しよう！

DAY
10

👣 答えは別冊12ページ　　79

花びんを割ったのはだれ？

朝学校に行くと，教室の花びんが割れていた！
えみさん，たくさん，かなさん，けんさんの4人は，
割っていないと言っているけど，だれか1人がうそを
ついているよ。
4人の話を聞いて，花びんを割った人を見つけ出そう！

私もかなさんも花びんを割っていないよ。

えみさん

えみさん，かなさん，けんさんのうちの
だれかが花びんを割ったんだ。

たくさん

えみさんかたくさんのどちらかが
花びんを割ったよ。

かなさん

ぼくもえみさんも花びんを割っていないよ。

けんさん

 答え　花びんを割ったのは　[　　　　　]

10日間の 復習テスト

復習テストの結果を下の
グラフに表してみよう！
自信のないところや苦手な
ところはもう一度復習しようね！

復習テストの点数

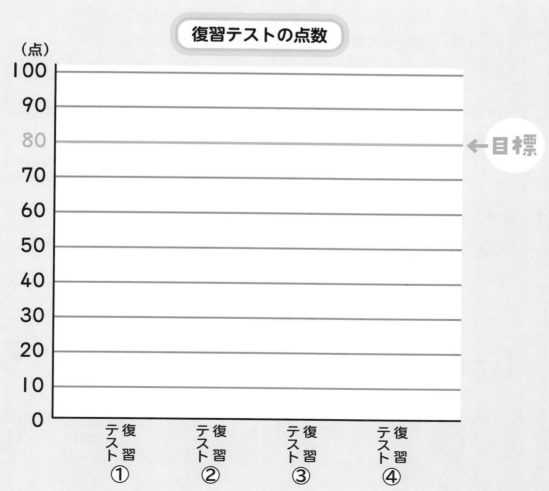

（点）

100
90
80 ←目標
70
60
50
40
30
20
10
0

復習テスト① 復習テスト② 復習テスト③ 復習テスト④

復習テスト ①

取り組んだ日

月　　日　　／100

目指せ
80点！

① □ にあてはまる数を書きましょう。　1つ2点[8点]

(1) 1000億を46個集めた数は

〔　　　　　　　　　　　　〕です。

(2) 3240を $\frac{1}{1000}$ にした数は〔　　　　　　　　〕です。

(3) $\frac{1}{2} = \frac{\square}{4} = \frac{3}{\square} = \frac{\square}{8}$　　(4) $\frac{9}{45} = \frac{3}{\square} = \frac{\square}{5}$

② 4，5，9の最小公倍数を書きましょう。　[2点]

（　　　　　　　　　）

③ 12，18，72の最大公約数を書きましょう。　[2点]

（　　　　　　　　　）

④ 四捨五入して，十の位までのがい数にすると，640になる
整数のはんいを，以上と以下を使って表しましょう。　[4点]

〔　　　　　　　〕以上〔　　　　　　　〕以下

⑤ 計算をしましょう。　1つ5点[20点]

(1) 800−(600+40)　　(2) 60+25÷5

(3) $\left(\frac{7}{8} + \frac{5}{12}\right) \times \frac{8}{3}$　　(4) $0.5 \div \frac{3}{4} \div 6$

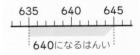 おさらい DAY 1

①(1) 単位になる数を下に
書いて考えるとよい。

46 00000000000
 1 00000000000

おさらい DAY 3

①(4) 分数を通分するとき
は，分母の最小公倍数を
見つけて，それを分母と
する分数になおす。

おさらい DAY 1

② 9の倍数の中から5の
倍数を見つけ，その中か
ら4の倍数を見つける。

おさらい DAY 1

④ がい数のはんいは，直
線に表して考える。

635　　640　　645
├┼┼┼┼┼┼┼┼┼┼┤
640になるはんい

おさらい DAY 3

⑤(4) 小数は，分母が10，
100などの分数で表すこ
とができる。

$2.7 = \frac{27}{10}$

$0.54 = \frac{54}{100}$

6 計算をしましょう。(10)〜(12)はわり切れるまで計算しましょう。

1つ4点[48点]

(1)
```
   158
 + 842
```

(2)
```
  5280
 +5736
```

(3)
```
  4.329
 +0.741
```

(4)
```
   782
 - 593
```

(5)
```
  9030
 -3548
```

(6)
```
  10.52
 -  6.34
```

(7)
```
   703
 ×  46
```

(8)
```
   4.62
 ×   15
```

(9)
```
   0.28
 ×  3.7
```

(10)
```
21)903
```

(11)
```
8)12
```

(12)
```
1.6)54.4
```

7 $\frac{5}{12}$ m の重さが $\frac{7}{9}$ kg の鉄の棒があります。
1m の重さは何kgですか。

式4点・答え4点[8点]

式

答え（　　　　　　　　　　）

8 時速 x km で走る自動車は、
3時間で y km 走ります。　1つ4点[8点]

(1) x と y の関係を式に表しましょう。

（　　　　　　　　　）

(2) x の値が60のとき、y の値を求めましょう。

（　　　　　　　　　）

🐾 答えは別冊 13ページ

🔄 おさらい **DAY 2**

6 (3) 筆算の答えが下のようになる場合は、小数点以下の0を消す。

```
  1.45
 +6.35
  7.80
```

🔄 おさらい **DAY 2**

6 (10) わる数とわられる数を「およそ何十」とみて商の見当をつける。

```
21)903
```

🔄 おさらい **DAY 2**

6 (12) わる数の小数点を移したけたの数だけ、54.4 の小数点も右に移す。

```
1.6)54.4
```

🔄 おさらい **DAY 3**

7 分数を分数でわる計算は、わる数の逆数をかける。

$$\frac{3}{8} \div \frac{5}{4} = \frac{3}{8} \times \frac{4}{5}$$

🔄 おさらい **DAY 3**

8 (1) 言葉の式で考えてから、文字や数に置きかえるとよい。
道のり＝速さ×時間

復習テスト ②

取り組んだ日

月　　日　／100

目指せ
80点！

❶ あの角度は何度ですか。
計算で求めましょう。　　　　[10点]

（　　　　　　　　）

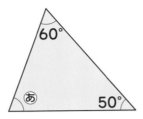

60°
あ
50°

❷ 右の図のまわりの長さを求めましょう。　　　　[10点]

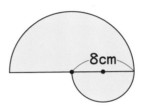

8cm

（　　　　　　　　）

❸ 右の図は，線対称な図形で，
直線アイは対称の軸です。
　対称の軸は，直線アイのほかに
何本ありますか。　　　　[10点]

ア

イ

（　　　　　　　　）

❹ 下の図は，家のまわりの縮図です。
ＡＢの実際の長さ200mを4cmに縮めて表しています。
ＡからＣまでの実際のきょりは何mですか。　　　　[10点]

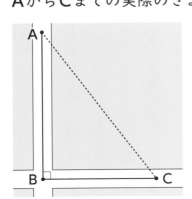

A

B　　　C

（　　　　　　　　）

おさらい DAY 4
❶ 三角形の3つの角の大きさの和は180°であることを使う。

おさらい DAY 4
❷ 円周の長さは
直径×円周率
で求めることができる。

おさらい DAY 4
❷ 大きい円の半分と小さい円の半分に分けて考える。

おさらい DAY 5
❸ 対称の軸で分けた2つの図形は合同になっている。

おさらい DAY 5
❹ 縮尺は，縮図上の長さを実際のきょりでわれば求められる。

おさらい DAY 5
❹ ＡＣの実際のきょりは，縮図上のＡＣの長さに縮尺をかければ求められる。

⑤ 右の立体の展開図について，
問題に答えましょう。

1つ10点[20点]

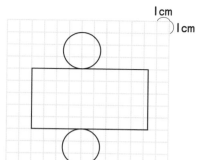

(1) この展開図を組み立てると，
何という立体ができますか。

(　　　　　　)

(2) この立体の高さは何cm
ですか。(　　　　　　)

⑥ 次の図形の色をぬった部分の面積を求めましょう。

1つ10点[20点]

(1)
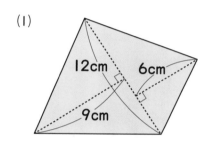

(2)
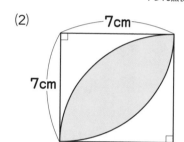

(　　　　　　)　　(　　　　　　)

⑦ 次の立体の体積を求めましょう。

1つ10点[20点]

(1)
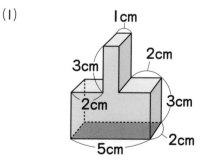

(　　　　　　)

(2)
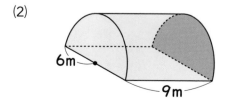

(　　　　　　)

  おさらい DAY 5
⑤ (1) 底面の形に注目する。

おさらい DAY 5
⑤ (2) 組み立てたとき，どのような形になるか考えて，どの辺が高さにあたるのか考える。

おさらい DAY 6
⑥ (1) 2つの三角形に分けて考える。

おさらい DAY 6
⑥ (2) 正方形の面積から，円の4分の1の面積をひいて，白い部分の面積を求める。

□ － ◢ ＝ ◿

おさらい DAY 6
⑦ (1) 下のような立体とみて，底面積を求める。

おさらい DAY 6
⑦ (2) 下のような立体とみて，底面積を求める。

復習テスト ③

目指せ
80点！

1 東公園の面積は180㎡です。
そこで，32人の子どもが遊ん
でいます。
　次の問題に上から2けたの
がい数で答えましょう。

1つ10点[20点]

(1) 1人あたりの面積は何㎡ですか。

（　　　　　　　　）

(2) 1㎡あたりの人数は何人ですか。

（　　　　　　　　）

2 時速90kmで進む特急列車と分速1100mで進む自動車
があります。
　どちらのほうが速いですか。　　　　　　　　　　[10点]

（　　　　　　　　）

3 花だんに，ユリの花が69本，チューリップの花が150本
植えられています。　　　　　　　　　　　　1つ10点[20点]

(1) ユリの花は，チューリップの花の何倍植えられていま
すか。

（　　　　　　　　）

(2) ユリの花の本数は，チューリップの花の本数の何%に
あたりますか。

（　　　　　　　　）

おさらい **DAY 7**

1 (1) 1人あたりの面積は，
面積÷人数
で求められる。

おさらい **DAY 7**

1 (2) 1㎡あたりの人数は，
人数÷面積
で求められる。

おさらい **DAY 7**

2 分速を時速になおすか，
時速を分速になおして求
める。

おさらい **DAY 7**

3 (1) チューリップの花の
本数をもとにする量，ユ
リの花の本数を比べられ
る量と考える。

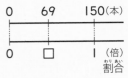

おさらい **DAY 7**

3 (2) 割合を百分率になお
すには，割合を表す小数
や整数を100倍する。
0.02→2%
0.2→20%
2→200%

④ 210個のおはじきを，A̅と B̅の２つの箱のおはじきの
比が４：１になるように分けます。
　　A，Bの箱のおはじきの数は，それぞれ何個ですか。

1つ10点[20点]

A（　　　　　　　）B（　　　　　　　）

④ 求めたいものの比と全
体の比を使って求める。
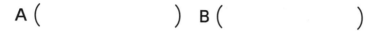

⑤ 下のグラフは，たくやさんと妹が自転車で同じサイクリ
ングコースを同時に走った時間と道のりを表しています。

1つ10点[20点]

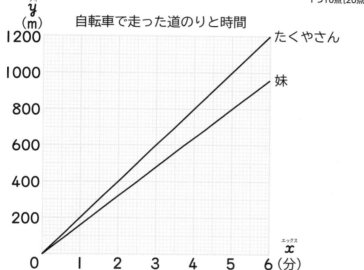

自転車で走った道のりと時間

たくやさん

妹

⑤(1)同じ時間で進む道の
りで比べるか，同じ道の
りを進んだ時間で比べる。

⑤(1)１分あたりに進む道
のりが長いほど，速いと
いえる。

(1) たくやさんと妹では，どちらが速いといえますか。

（　　　　　　　）

⑤(2) x の値が５のときの
y の値を，たくやさんと
妹のグラフからそれぞれ
読み取る。

(2) 出発してから５分後に，たくやさんと妹は何mはなれ
ていますか。　　　　　　　（　　　　　　　）

⑥ 下の表は，容積が500m³のプールに水を入れるときの，
１時間あたりに入る水の量を x m³，かかる時間を y 時間
として，表したものです。

　　x と y の関係を式に表しましょう。

[10点]

⑥ 反比例の式は，
y＝きまった数÷x
で表す。

１時間あたりに入る水の量　x（m³）	1	2	4	5
水を入れる時間　　　　　y（時間）	500	250	125	100

⑥ y が x に反比例すると
き，x×y＝きまった数
になる。

（　　　　　　　）

DAY 9~10
復習テスト ④

取り組んだ日

月　　日　／100

目指せ
80点！

1 次の(1)～(4)の目的には，下の⑦～⊈のどのグラフを使うとよいですか。

1つ5点[20点]

(1) 全体のちらばりのようすを見る。　　　（　　　　）

(2) 数量の大小を比べる。　　　　　　　　（　　　　）

(3) 変化のようすを調べる。　　　　　　　（　　　　）

(4) 全体に対する割合を見る。　　　　　　（　　　　）

⑦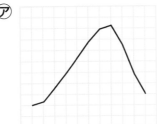

⑦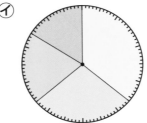

⑦

⊈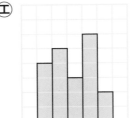

2 上の⑦～⊈のグラフの名前をそれぞれ答えましょう。

1つ5点[20点]

⑦（　　　　　　　　）　⑦（　　　　　　　　）

⑦（　　　　　　　　）　⊈（　　　　　　　　）

3 A，B，C，D，Eの5つのサッカーチームが，それぞれ，どのチームとも1回ずつあたるように試合をします。
試合の数は，何試合になりますか。

[10点]

（　　　　　　　　）試合

おさらい DAY 9,10

1 2 グラフには，棒グラフ，折れ線グラフ，帯グラフ，円グラフ，ヒストグラムなどがある。
それぞれのグラフの特徴や表すものを考える。

おさらい DAY 9

1 ⑦のグラフと同じような目的で使われるグラフに帯グラフがある。

おさらい DAY 9,10

1 ⑦と⊈のグラフは形が似ているが，表すものがちがうので注意する。

おさらい DAY 10

3 次のような表を使って整理する。

	A	B	C	D	E
A					
B					
C					
D					
E					

樹形図を使って考えてもよい。

88

4 下の表は**6**年**3**組の**24**人の，**1**日の読書時間を調べたものです。

(1), (2)は1つ10点，(3), (4)は1つ15点[50点]

1日の読書時間（6年3組）

番号	時間(分)	番号	時間(分)	番号	時間(分)	番号	時間(分)
①	10	⑦	20	⑬	16	⑲	27
②	20	⑧	15	⑭	33	⑳	15
③	27	⑨	25	⑮	28	㉑	27
④	32	⑩	30	⑯	27	㉒	31
⑤	30	⑪	16	⑰	29	㉓	19
⑥	10	⑫	25	⑱	14	㉔	12

(1) これを下のドットプロットに表します。続きをかきましょう。

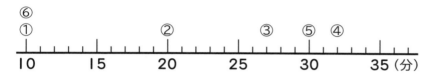

(2) 6年3組の1日の読書時間の最頻値は何分ですか。

(　　　　　　　　　　)

(3) ちらばりのようすを，あの表に表しましょう。

(4) ちらばりのようすを，いのグラフに表しましょう。

あ 1日の読書時間

時間(分)	人数(人)
10以上～15未満	
15　～20	
20　～25	
25　～30	
30　～35	
合計	

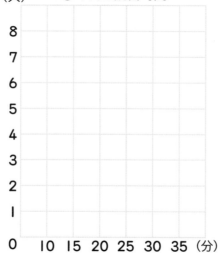

い 1日の読書時間

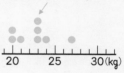

おさらい DAY 10
4 (1)ドットプロットでは，同じ値があるときは，上に積み上げてかく。

おさらい DAY 10
4 (2)ドットがいちばん高く積み上がったところが最頻値。

おさらい DAY 10
4 (3)(1)でつくったドットプロットから，それぞれの階級にあてはまる値をかぞえる。

おさらい DAY 10
4 (3)10分以上15分未満の階級には，15分はふくまない。

おさらい DAY 10
4 (4)(3)の度数分布表をもとに，ヒストグラムをつくる。

おさらい DAY 10
4 (4)ヒストグラムの縦軸は人数，横軸は階級を表している。

数直線の図・関係図のかき方

問題を読んで，どんな式を立てればいいのかわからない
ときは，図に表すとわかりやすくなるよ！
次の例題を，いろいろな図を使って考えてみよう！

例題

1 mの重さが150gの針金^{はりがね}があります。
この針金3.5mの重さは何gですか。

数直線の図を使って考えよう

　数直線の図は，2つの数量の関係を表して対応づけた図です。かけ算やわり算
の場面で使います。

❶　左はしに0を書き，長さを表す直
線と重さを表す直線を平行にかく。

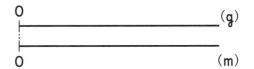

❷　「1 mで150g」なので，下の直線
に1つ分を表すめもりと1を書く。
　上の直線の同じところにめもりと
150を書く。

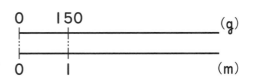

❸　「3.5mで□g」として，下の数直
線にいくつ分を表すめもりと3.5を
書く。
　上の直線にめもりと□を書く。

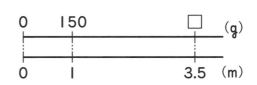

関係図は，「何倍にあたるか」「もとにする量はいくつか」など，「□倍」に着目する場面で使う図です。数量間の関係を，矢印を使って表します。

❶　I mの重さが150gであることを書く。

I m
150g

❷　3.5mの重さを□gとして，右に同じように書く。

I m
150g

3.5m
□g

❸　3.5mがI mの何倍かを書く。

I m
150g

3.5倍
───→

3.5m
□g

針金の重さは長さに比例するから，針金の長さが3.5倍になれば，重さも3.5倍になるね！

例題の答え

式　150×3.5＝525　　　答え　525g

いろいろな考え方

◎ 線分図

問題の数量を線分の長さで表して，数量と数量の関係をわかりやすくしたものです。

残りの数
10個

あげた数
5個

はじめの数　□個

◎ 言葉の式

数量の関係を言葉と記号で表した式です。

残りの数 ＋ あげた数 ＝ はじめの数

10個　　　5個　　　　□個

計算のきまりと数量関係の式

🐾 計算のきまり DAY 2

分配のきまり
◎ (■＋●)×▲＝■×▲＋●×▲　　◎ (■－●)×▲＝■×▲－●×▲

交かんのきまり
◎ ■＋●＝●＋■　　　　　　　　◎ ■×●＝●×■

結合のきまり
◎ (■＋●)＋▲＝■＋(●＋▲)　　◎ (■×●)×▲＝■×(●×▲)

🐾 数量の関係を表す式 DAY 7 DAY 9

割合
◎ 割合＝比べられる量÷もとにする量
◎ 比べられる量＝もとにする量×割合
◎ もとにする量＝比べられる量÷割合

速さ
◎ 速さ＝道のり÷時間
◎ 道のり＝速さ×時間
◎ 時間＝道のり÷速さ

乗り物の速さ

	秒速	分速	時速
車	10m	600m	36000m

×60　×60
×3600

> 速さには，
> 時速，分速，
> 秒速があるよ。

平均
◎ 平均＝合計÷個数
◎ 合計＝平均×個数
◎ 個数＝合計÷平均

🐾 比例・反比例の式 DAY 8

比例
◎ $y＝$ きまった数 $×x$

反比例
◎ $y＝$ きまった数 $÷x$

図形の公式

🐾 面積の公式 DAY 6

◎ 長方形の面積＝縦×横＝横×縦

◎ 正方形の面積＝１辺×１辺

◎ 平行四辺形の面積＝底辺×高さ

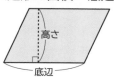

◎ 三角形の面積＝底辺×高さ÷２

◎ 台形の面積＝（上底＋下底）×高さ÷２

◎ ひし形の面積
＝一方の対角線×もう一方の対角線÷２

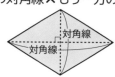

🐾 円周の長さと円の面積の公式 DAY 4 DAY 6

◎ 円周＝直径×円周率
◎ 円の面積＝半径×半径×円周率

円周率は，円の大きさにかかわらず，3.14だよ。

🐾 体積の公式 DAY 6

◎ 直方体の体積＝縦×横×高さ

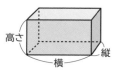

◎ 立方体の体積＝１辺×１辺×１辺

◎ 角柱・円柱の体積＝底面積×高さ

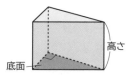

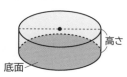

単位のしくみ

🐾 長さの単位 DAY 6

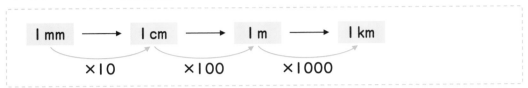

1 mm ──→ 1 cm ──→ 1 m ──→ 1 km
　　×10　　　×100　　　×1000

🐾 面積の単位 DAY 6

◎ 正方形の面積

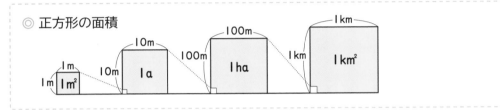

🐾 体積の単位 DAY 6

◎ 立方体の体積

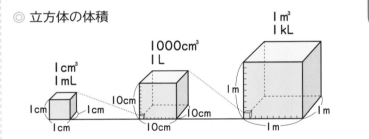

面積や体積の単位は，
長さの単位をもとに
しているよ。

🐾 重さの単位 DAY 6

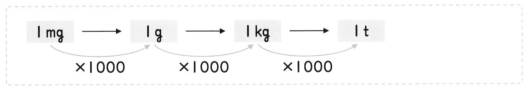

1 mg ──→ 1 g ──→ 1 kg ──→ 1 t
　　×1000　　　×1000　　　×1000

🐾 時間の単位 DAY 6

◎ 1日＝24時間
◎ 1時間＝60分
◎ 1分＝60秒

🐾 回転の角度 DAY 4

◎ 1直角＝90°
◎ 2直角＝180°
◎ 3直角＝270°
◎ 4直角＝360°

算数であつかうグラフ

数量を表すグラフ DAY 9

◎ 棒グラフ

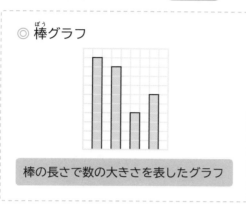

棒の長さで数の大きさを表したグラフ

変化を表すグラフ DAY 9

◎ 折れ線グラフ

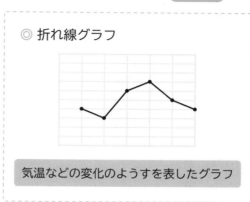

気温などの変化のようすを表したグラフ

割合を表すグラフ DAY 9

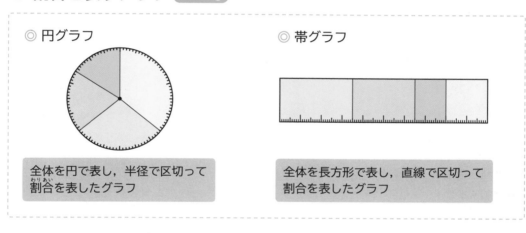

◎ 円グラフ

全体を円で表し，半径で区切って割合を表したグラフ

◎ 帯グラフ

全体を長方形で表し，直線で区切って割合を表したグラフ

ちらばりを表すグラフ DAY 10

◎ ドットプロット

データのちらばりのようすを点で表したもの

◎ ヒストグラム

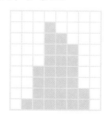

データのちらばりのようすを，階級で区切って表したグラフ

棒グラフとヒストグラムは形が似ているけれど，表すものがちがうよ。

初版
第1刷　2021年12月1日・　発行

●編 者
　　数研出版編集部
●イラスト
　　タカオエリ，エダりつこ
●カバー・表紙デザイン
　　株式会社ブックウォール

発行者　星野　泰也
ISBN978-4-410-15368-6

10日でしっかり総復習！　小学6年間の算数

発行所　**数研出版株式会社**

本書の一部または全部を許可なく
複写・複製することおよび本書の
解説・解答書を無断で作成するこ
とを禁じます。

〒101-0052　東京都千代田区神田小川町2丁目3番地3
　　　　　　　　〔振替〕00140-4-118431
〒604-0861　京都市中京区烏丸通竹屋町上る大倉町205番地
〔電話〕代表 (075)231-0161
ホームページ　https://www.chart.co.jp
印刷　創栄図書印刷株式会社
　　　乱丁本・落丁本はお取り替えいたします　211101